Carl-Auer

Bernhard Krusche

Paradoxien der Führung

Aufgaben und Funktionen für ein zukunftsfähiges Management

2008

Umschlaggestaltung: Goebel/Riemer
Satz: Josef Hegele, Heiligkreuzsteinach
Printed in Germany
Druck und Bindung: Freiburger Graphische Betriebe, www.fgb.de

Erste Auflage, 2008
ISBN: 978-3-89670-619-5

Bibliografische Information der Deutschen Nationalbibliothek
Die Deutsche Nationalbibliothek verzeichnet diese Publikation in der Deutschen Nationalbibliografie; detaillierte bibliografische Daten sind im Internet über http://dnb.d-nb.de abrufbar.

Carl-Auer Verlag
Häusserstraße 14
69115 Heidelberg
Tel. 0 62 21-64 38 0
Fax 0 62 21-64 38 22
E-Mail: info@carl-auer.de

Inhalt

Spielansage

Hier ein wichtiger Hinweis zu Beginn: Dies ist kein Ratgeber à la »Richtig führen – die 100 besten Rezepte«. Wer solches in einer Zeit konstanter Turbulenzen verspricht, ist kein Chefkoch, sondern ein Scharlatan. Und wer auf der anderen Seite solches erwartet, sollte dieses Buch lieber gleich wieder weglegen.

Wir wollen hier keine Werkzeugkiste voller *magic tools* öffnen – unser Anliegen ist vielmehr, zuallererst auf Führung zu schauen. Wir wollen sie dort beobachten und kontextualisieren, wo sie sich tagtäglich vollzieht – sei es in Unternehmen oder anderen Organisationen, sei es in der Kultur, der Politik oder im Sport. Eine erste Ortsbestimmung signalisiert uns: Führung ist immer und überall – ohne sich jedoch in ihren Aufgaben, Anforderungen und Ansprüchen immer und überall zu gleichen. Erkennen lassen sich die Unterschiede nicht zuletzt daran, wie Führung sich vollzieht: als großer Sprung nach vorn, als notwendiger harter Schnitt oder als stets aufmerksam bleibende Begleitung des operativen Tagesgeschäfts.

Wir meinen: Führung kann nicht wie ein Allheilmittel *ver*schrieben, sondern muss innerhalb ihrer Rahmenbedingungen *be*schrieben werden. Ihre Praxis ebenso wie ihre theoretischen Grundlagen, ihr Vorwärtskommen genauso wie ihr Versagen. Sosehr von Führung auch erwartet wird, Visionen und Orientierungsmarken zu entwickeln, so wenig ist damit geholfen, die Reflexion ihres *daily business* dem verführerischen Glanz von Heilsversprechen zu opfern. Wer glaubhaft führen will, muss vor allem sich selbst glauben – und das wird nur dem gelingen, der bereit ist, den oft zitierten kühnen Blick auf die weite See hinaus mit jenem nüchternen auf das eigene Tun zu paaren. Führung braucht Zeit und Raum –allerdings weder zur Feier der eigenen Herrlichkeit noch zum selbstmitleidigen Lecken von offenen Wunden, sondern für die regenerative Tätigkeit der Selbstbeobachtung. Dem und nichts anderem ist dieses Buch gewidmet.

Natürlich ist dieses Buch das Ergebnis einer Vielzahl von weiterführenden Hinweisen, tiefen Gesprächen, intensiven Literaturbefragungen, heißen Diskussionen, ermüdenden Monologen, erbitterten Streitereien, freundlichen Begegnungen, glücklichen Zufallstreffern, mühseligen Recherchen, offenen Hilfsangeboten und von lustvollem Nachdenken: Alles in allem hat es einige Anläufe gebraucht und doch immer wieder auch Spaß gemacht. Das Ergebnis wäre nicht das, was es ist, wenn da nicht die vielen Schultern wären, auf denen man sitzt, während man die eigenen Gedanken sortiert. Für besonders große Schultern sei an dieser Stelle explizit gedankt: Rudolf Wimmer, dessen aufmerksame und unbeirrbare Begleitung gerade in der Anfangsphase dieses Projekts immer wieder Licht ins Dunkel der Thematik gebracht hat; Dirk Baecker, der es in ausgezeichneter Weise verstanden hat, dieses Licht mit seinen Kommentaren regelmäßig wieder abzudunkeln, sowie Fritz Simon, der mit seinen humorvollen Einwürfen stets für eine Ermutigung der schriftlichen Reflexion gesorgt hat – die Kiste feinsten Champagner geht wegen Überschreitung der vereinbarten Deadline zur Manuskriptabgabe an ihn ☺. Die Stimmen dieser drei Tenöre waren stets wichtige Orientierungsmarken bei der Bearbeitung des Themas.

Großer Dank geht ebenfalls an Thomas Schumacher, der insbesondere zum Thema »*osb* Business Navigator« seine Überlegungen und Textbeiträge zur Verfügung gestellt hat, an die Kollegen und Kolleginnen der *osb international*, die mit ihren praktischen Beispielen, spannenden Kundengeschichten und mit ihrem langjährigen Erfahrungsschatz in der Organisationsberatung für den empirischen Hintergrund der nachfolgenden Überlegungen gesorgt haben, sowie an die vielen guten Geister, die mich während des Projekts begleitet haben. Der intensive Gedankenaustausch im Luhmann-Club hat das Seine dazu beigetragen, dass die Auseinandersetzung mit dem Meister des Schwarzen Gürtels nicht bereits in der Aufwärmphase beendet werden musste.

Ohne die intensive Mitarbeit von Helmut Neundlinger wäre das Manuskript nicht rechtzeitig fertiggeworden – er und Katharina Oberbichler haben zuverlässig und unermüdlich Text geknetet, Zutaten besorgt und den Ofen auf Temperatur gehalten. Auch Ihnen dafür aufrichtigen Dank.

Jetzt bleibt an dieser Stelle nur die Hoffnung, dass das Ergebnis dieser vielen Arbeit dem Leser und der Leserin mal mindestens gut bekommt und vielleicht sogar gut schmeckt.

Bernhard Krusche
Berlin/La Palma, im Frühjahr 2007

1. Wovon wir reden, wenn wir von Führung reden ...

Ohne Zweifel: Führung ist Thema. Das lässt sich schon daran ablesen, wie viel derzeit dazu publiziert wird. Wie sehr es in den Thin-Tanks diverser Stiftungen oder in Managementlehrgängen aufgekocht, durchgekaut, verdaut und wieder neu aufbereitet wird. Fast scheint der Zeitpunkt erreicht, zu dem die thematische Konjunktur in eine echte Inflation umzukippen droht. Aber steckt hinter der fast schon hysterischen Beschäftigung mit Führung mehr als ein vorübergehender Hype kriseninduzierter Selbstbespiegelung? Anders gefragt: Entspricht der Aufmerksamkeit, die dem Thema gewidmet wird, eine nachvollziehbare gesamtgesellschaftliche Notwendigkeit? Oder, noch einmal anders: Wie lautet eigentlich die Frage, auf die Führung eine Antwort darstellt?

Indizien für eine Krise von oben bis unten, von vorne und hinten gibt es genug: keine bewährten Rezepte mehr, keine erprobten Vorgehensweisen, die Sicherheit stiften, kein ruhiges Zurücklehnen, während man sich in den Erfolgen der Vergangenheit sonnen kann. Aufruhr allenthalben, ob in den Pariser Vorstädten, im NASDAQ in New York oder im Wetterbericht.

Wie kann man aber nicht nur überleben, sondern auch noch konstruktiv und zielbewusst führen in einer scheinbar so orientierungslosen Epoche, die unbarmherzig und ohne Unterlass ihr Wachstumscredo trommelt: Stillstand ist Tod, Veränderung die einzige Konstante? Wer zurückbleibt, ist verloren. So jedenfalls hört man es von den vor-denkenden Management-Gurus und ihren Jüngern, den shareholder-value-verpflichteten globalen Nomaden des Managements. Spätestens seit sie auch in den *Detmolder Nachrichten* zu lesen sind, gehören diese Vokabeln zum kommunikativen Survival-Kit moderner Führungskräfte. Reflexartig kommen die Stichworte über die Lippen: Globalisierung, technologischer Wandel, Beschleunigung, Hyperwettbewerb, Produktivitätssteigerungen und Flexibilisierung bis zum Abwinken, Deregulierung und Markt, Markt und nochmals Markt. Die durchgängige Ökonomisierung unseres Alltags entpuppt sich (und das nicht erst seit dem Zusammenbruch des Kommunismus in Osteuropa) als alternativloser Normalzustand.

Was gibt uns den Mut, trotzdem über das globale Dilemma, in dem Organisationen und ihre Führungskräfte heute stecken, nachzudenken? Es sind gerade die Scheiternserfahrungen von jenen, mit denen wir im Rahmen unserer Beratungstätigkeiten in den letzten Jahren gesprochen und gearbeitet haben; das Gefühl von wachsender Ohnmacht und Unzulänglichkeit, von Frustration und Resignation (in beiden Varianten: dem blinden Aktionismus und dem sehenden Rückzug). Führung scheint mehr und mehr ins Leere zu greifen. So empfinden es zumindest viele Manager und Managerinnen, die wir nach der Wirkung ihrer Interventionen gefragt haben.

Dieser chronischen Überforderung steht eine ebenso übersteigerte Erwartung gegenüber, die in den großen und kleinen Organisationen zu einer vielstimmigen, lauthals geführten Klage über Führungsdefizite anschwillt. Kaum ein Tag vergeht, an dem nicht über ein Ausbleiben effizienter Führung geschrieben, die Abwesenheit großer Vorbilder beklagt wird und die »Nieten in Nadelstreifen« an den Pranger der Massenmedien gestellt werden. Fast scheint es, als ob alle Probleme von Organisationen dahinter zurückgestellt werden könnten: das Bestehen im Wettbewerb (Vorsicht: scharf!), die Produktivitätsanstrengungen und Wachstumsschwächen, die intellektuelle Ratlosigkeit und fehlende Motivation der talentierten Mitarbeiter: kurzum alles, was an fehlender Klarheit und Ausrichtung auffällig geworden ist – lauter Führungsschwächen, die man am besten durch konsequenten Austausch der Verantwortlichen in den Griff zu bekommen versucht.

Unter derartigen Erwartungsdruck gestellt, verwundert es nicht, dass Selbstzweifel entstehen. Führung gerät unter Druck und macht dementsprechend Druck – ohne oft auch nur einen Schatten der gewünschten Resultate zu erzielen.

Wir glauben nicht, dass in Organisationen immer mehr dumme Manager sitzen. Wir glauben vielmehr, dass sich im Kontext von Organisationen Dinge verändert haben (und weiterhin immer radikaler verändern), die zum Gefühl führen, dass da Dinge nicht mehr zusammenpassen. Nicht Führung an sich, sondern das traditionelle Führungsverständnis, das von der prinzipiellen Berechenbarkeit der Verhältnisse ausging und sich auf die Wirksamkeit der eigenen Wirkung vorbehaltlos verlassen konnte, ist in die Krise gekommen.

Irgendwas geht vor da draußen. Die scheinbare Sicherheit geordneter Verhältnisse schwindet – und das hat auch Auswirkungen auf das Verständnis von Führung, auf die grundlegenden Prämissen von Leadership und Management. Und natürlich auf die Art und Weise, wie Führung für ein wirksames Zustandekommen von Gefolgschaft sorgen kann. Ganz grundsätzlich sind viele der Selbstverständlichkeiten, mit denen Führung bislang mehr oder weniger fraglos operieren konnte, ins Rutschen geraten. Die Stabilität in der Entfaltung der eigenen Führungskraft, auf die man setzen konnte, das verlässliche Gefühl von funktionierender Gefolgschaft, die Durchsetzungschancen hierarchischer Anweisungen, die Verlässlichkeit des Überblicks an der Spitze – all dies ist nicht mehr im sicheren Griff, sorgt für Irritation und, wenn persönlich genommen, Selbstzweifel und das Gefühl der Inkompetenz, welches oft genug durch Inszenierungen der Härte kompensiert wird bzw. werden muss.

Mit diesen Vorüberlegungen wird schnell deutlich, dass der Rückgriff auf Erfolgsrezepte anderer (Winning!) und Ratgeber à la »In fünf Minuten zur erfolgreichen Führungskraft« bestenfalls Symptombeschreibungen sind; im schlimmsten Fall vergrößern sie durch ein fehlgeleitetes Praxisverständnis die Misere, die sie zu beheben behaupten. In diesem Buch über Führung haben wir uns daher entschieden, anders vorzugehen. In bewusstem Rückgriff auf theoretische Ressourcen (frei nach dem Motto: »Nichts ist so praktisch wie eine gute Theorie«) und damit auch Inkaufnahme von Reibungsflächen bei Leser und Leserin nehmen wir uns vor, im folgendem Dreischritt zu argumentieren:

Eingebettet in die empirische Ausgangslage (Unbehagen!), steht die Erfahrung der Kontingenz am Beginn unserer Überlegungen. Der abstrakte Begriff bringt einen untergründig wachsenden Zweifel auf den Punkt: Eigentlich könnte alles auch ganz anders sein, als es ist – aber es muss auch nicht. Wir sprechen hier von der »Multioptionsgesellschaft« (Gross 1994). Die Selbstverständlichkeit eines geordneten und ordnenden Fundaments ist in allen Lebensbereichen brüchig geworden. Die Dinge fallen auseinander, und es wird offensichtlich, dass niemand mehr den großen Masterplan hat, der festlegt, wie es weitergehen soll.

Wenn alles auch ganz anders sein könnte, als es ist (aber nicht muss), stehen Entscheidungen an. Das Mittel gegen die Unsicherheit kontingenter Sachverhalte ist Entscheidung. Und: Organisationen sind der (einzige) Ort in unserer Gesellschaft, an dem Entscheidungen getroffen werden können. Das ist zunächst eine starke (und kontraintuitive) Behauptung, auf die wir ausführlicher eingehen müssen, um sie zu belegen.

Führung kommt aufs Spielfeld, wenn wir die Frage stellen, welche Instanz Entscheidungen in Organisationen trifft. In Abgrenzung zur Vielzahl personenorientierter Zugänge (Stärke dein Charisma!) nehmen wir die funktionalen Aspekte von Führung in den Blick: Welche Aufgaben hat Führung in Organisationen zu erfüllen – zunächst einmal unabhängig davon, wer konkret sich dieses Bündel schultert? Und: Mit welchem Selbstverständnis, aus welcher Haltung heraus sollte dies geschehen, wenn man nicht mehr auf die traditionellen Autoritätsressourcen (wie Hierarchie, Positionsmacht, gesellschaftlichen Status, Doktortitel etc.) zurückgreifen kann, die der Führung Kraft gegeben haben, ihre Entscheidungen auch durchzusetzen?

Gesellschaft – Organisation – Führung. Was sich zunächst wie ein etwas simpler Dreiklang mit harmonischem Ausgang anhört, bekommt einiges an Raffinesse, sobald wir uns einen kleinen, aber entscheidenden Dreh vor Augen halten, den wir als die »Paradoxie der Entscheidung« bezeichnen wollen. Was ist damit gemeint? Wir greifen unseren Ausführungen etwas vor, indem wir behaupten: Jede Entscheidung reduziert zunächst einmal Komplexität und damit Unsicherheit, weil sie Eindeutigkeit herstellt, wo eben noch Möglichkeitsräume bestanden. Gleichzeitig, und das macht die Sache paradox, kommuniziert jede Entscheidung genau das mit, was sie einzuholen gedachte: Kontingenz. Denn wer entscheidet, lässt alle anderen daran teilhaben, dass auch anders hätte entschieden werden können. Mit der Setzung einer Ent-scheidung wird allen davon Betroffenen unweigerlich in Erinnerung gerufen, dass Wahlmöglichkeiten bestanden haben (warum sonst entscheiden?) und weiterhin bestehen (wenn schon entschieden wurde: Könnte man da nicht wieder – eventuell auch ganz anders – entscheiden?). So absorbiert jede Entscheidung gleichzeitig Unsicherheit und produziert sie aufs Neue. Und das zieht eine Anzahl von Folgeproblemen nach sich: Jede Entscheidung enthält den Aspekt der Willkür, der schon allein aus Legitimationsgründen (Stichwort: Folgebereitschaft) sorgfältig maskiert werden muss (hier lässt die Organisation bereits freundlich grüßen), darüber hinaus versorgt sich jede Entscheidung – und damit Organisation und damit Führung – immer wieder mit genau den Problemen, die sie zu lösen verspricht.

Wie Führung mit dieser Paradoxie umzugehen hat: Sicherheit und Orientierung zu stiften, ohne den eigenen Sirenengesängen zu verfallen – dies ist die Kernfrage des vorliegenden Buches.

Wie haben wir unsere Argumentation angelegt? Um ein grundlegenderes Verständnis für die Problemlage zu gewinnen, riskieren wir zunächst einen Blick auf das *big picture*: unsere Gesellschaft und ihre zentralen Institutionen. Wir wollen uns ein Bild von dem Wandel machen, den diese durchlaufen haben, weil darin der Schlüssel zum Verständnis der Änderungen in den organisationalen ebenso wie in den individuellen Dispositionen von Führung liegt. Denn auch den Unbedarftesten dürfte mittlerweile gedämmert sein, dass ein Gebilde wie der »Staat« zwar nach wie vor so heißt, sich jedoch sowohl in seiner Ausrichtung als auch in seinen operativen Abläufen in den letzten Jahrzehnten vollkommen gewandelt hat. Nicht anders ist es den Parteien, Kirchen und Verbänden ergangen, den organisationalen Schnittstellen zwischen dem Einzelnen in seiner Privatsphäre und der Öffentlichkeit. Ebenso einschneidend waren und sind die Transformationen, die sich in den Bereichen (Aus-)Bildung, Technologie, Forschung und Marktgeschehen als solchem ereignet haben. Keiner von den vielzitierten Steinen ist hier auf dem anderen geblieben, und trotzdem ist das ganze Gebäude nicht völlig in sich zusammengekracht. Für die Welt scheint zu gelten, was Frank Zappa einst über den Jazz gesagt hat: Die Welt ist nicht tot, sie riecht bloß anders.

Die Dekonstruktion der traditionellen Vorstellungen von Führung muss in den Kontext dieser gesellschaftlichen Entwicklungslinien gestellt werden, die den Groove für all die Phänomene abgeben, die im Zusammenhang mit Führung von Unternehmen und anderen Organisationen immer wieder eindringlich beschrieben werden. Mit anderen Worten: Bevor wir uns mit den veränderten Wirkmechanismen von Führung auseinandersetzen und daraus entsprechende Konsequenzen für das Handeln der sogenannten Entscheidungsträger ableiten, gilt es, sich zunächst vor Augen zu führen: Was geschieht eigentlich zurzeit in unserer Gesellschaft jenseits der mantraartig gemurmelten Vokabeln von Globalisierung, Deregulierung, Neoliberalismus und Verfall des gesellschaftlichen Zusammenhalts?

Wenn unsere Gesellschaft von einer Entwicklung betroffen ist, die man als »Verlust des Zentrums« bezeichnen könnte, wenn sich all ihre Institutionen und Formen in ihrer Legitimation von Grund auf in Frage gestellt sehen und mit dem konfrontiert sind, was man in der Systemtheorie »Kontingenz« nennt, erwächst daraus die Anforderung, permanent neue, immanente »Maßverhältnisse« (Kluge u. Negt 1993) in Bezug auf sich selbst zu entwickeln. Im Kontext von Führung und Organisation scheint ein Blick auf die Gesellschaft als unkontrollierbare Umwelt nicht zuletzt deshalb so dringend, weil – wie noch zu zeigen sein wird – eine der zentralen Aufgaben von Führung in Gegenwart und Zukunft gerade in der Wiedereinführung von gesellschaftlichen Fragestellungen in Organisationen bestehen wird.

Der nächste Ort, den wir ansteuern, ist folglich die Organisation. Ob im wirtschaftlichen Kontext als Unternehmen oder in anderen gesellschaftlichen Kontexten als Partei, Kirche, Universität oder Museum: Gerade diese spezifische operative Form hat wie keine andere parallel zur gesamtgesellschaftlichen Erosion einen radikalen Wandel vollzogen, den die Theorie als »Dekonstruktion« bezeichnet:

»Die weltweite Deregulierung und Privatisierung von staatlichen Bürokratien, der Zusammenbruch des organisatorischen Großprojekts Sozialismus, die Neuordnung des Industriekapitalismus nach dem ›Ende der Massenproduktion‹ und nicht zuletzt die Organisationskrisen in Erziehung und Kultur machen es leichter, für die Einsicht Verständnis zu wecken, dass sich hier, auf dem Feld der Organisation, mitentscheidet, was gesellschaftlich möglich und nicht möglich ist«, schreibt der Soziologe Dirk Baecker (1999, S. 9).

Wie es weitergeht mit uns, wie all den drängenden Zumutungen und Herausforderungen unserer Zeit begegnet werden kann: alles eine Frage der Organisation? In diesem Sinn wollen wir – in Abgrenzung zu den Modellen der Betriebswirtschaft und klassischen Organisationsforschung – der Frage nachgehen, wie ein (auf die aufgeworfenen gesellschaftlichen Fragestellungen bezogenes) modernes Verständnis von Organisationen aussehen müsste.

Ganz bewusst greifen wir hierbei auf das begriffliche Repertoire der neueren soziologischen Systemtheorie von Niklas Luhmann zurück. Auch wenn sich dieser Theorieansatz einer intuitiven Erschließung beharrlich widersetzt, gibt es aus unserer Sicht nur wenige (und keinesfalls weniger anspruchsvolle) Theoriegebäude, die auf der Höhe unserer Zeit die komplexen Zusammenhänge konsistent beschreibbar machen und für (manchmal überraschenden) Geländegewinn im immer unwegsameren Dickicht unserer Lebenswelten sorgen. Wir wissen von den damit verbundenen Zumutungen für den Leser, die Leserin und vertrauen dabei auf eine Einsicht, die in mehr und mehr Fällen (oft genug noch zähneknirschend) zur Kenntnis genommen wird und mittlerweile zunehmend häufiger auch mit empirischen Sachverhalten unterlegt ist: Vom amerikanischen Kreuzzug für die Freiheit bis zu fundamentalistischen Heilsversprechungen für eine bessere Welt wird deutlich: So verführerisch einfache Lösungen zu sein scheinen, führen sie doch niemals wirklich zu (mittel-, geschweige denn langfristig) erfolgreichen Bewältigungsstrategien für die kompliziert miteinander verwobenen Problemstellungen unserer Zeit. Für die hier angesprochenen Fragen lohnt es sich, auf schnelle Antworten zu verzichten und damit einzusehen: Wer die Lösung hat, hat ein Problem.

In diesem Sinn werden uns fremde und manchmal verdächtig vertraute Begriffe wie Selbstreproduktion, Mitgliedschaft, Entscheidung oder (Selbst-)Beobachtung ein solides Gerüst dafür liefern, die inneren Prozesse der Organisation samt ihrer notwendigen Fähigkeit des Anschlusses an die für sie relevanten Umwelten zu beschreiben. Ein Schlüssel für unsere Reflexion liegt dabei in einer systemtheoretischen Analyse des Begriffs der Entscheidung, bündeln sich in diesem doch die Hauptproblematiken des Feldes Führung. All diese Überlegungen sollen in eine Bemerkung zum Umgang der Organisation mit dem eigenen Motiv münden, das, wie Niklas Luhmann es in seinen Überlegungen zu *Organisation und Entscheidung* (2000) formuliert hat, ausnahmslos in der Produktion eines Überschusses an Möglichkeiten und der Bearbeitung von Unbestimmtheit beziehungsweise Zukunft liegt.

Wo aber verbleibt in all dem Führung in Hinblick auf sich selbst? Zwei Thesen drängen sich auf, die zum eigentlichen Gegenstand unserer Überlegungen hinführen:

Der Grund für den Fokus »Organisation« liegt zunächst in den Bedingungen der Differenz von Organisation und Gesellschaft. In Organisationen werden Ideen und Konzepte nicht bloß erdacht, sondern umgesetzt. Die Organisation stellt sich dar als Form, die Entscheidung nicht nur ermöglicht, sondern erfordert. Von dieser Prämisse ausgehend, wirft der letzte Teil des Textes einen Blick auf Führung im gegenwärtigen Wechselspiel von Organisation und Gesellschaft.

Wenn Führung ihre Wirksamkeit nicht mehr aus fraglos gestellten (historischen) Autoritätsquellen ableiten kann und (ebenso wie alle anderen Teile von Organisation) einem laufenden Prozess der Dekonstruktion ausgesetzt ist, bleibt als ihre Legitimation einzig: sie selbst. Paradoxerweise scheint gerade dies den Ort von Führung auf die Grenze von Organisation und Gesellschaft zu verschieben. Niemals zuvor war Führung buchstäblich in der Not, einer solch breiten Öffentlichkeit Rechenschaft über das eigene Wirken ablegen zu müssen. Bilanzpressekonferenzen sind nur die Spitze eines Eisbergs von Anschlusspunkten, die die Gesellschaft in Bezug auf ihre Organisationen in Anspruch nimmt. Wie aber entsteht in einem solchen Spannungsfeld Wirksamkeit nach innen und außen in einem sinnvollen Ausmaß, das Entscheiden und Handeln nicht bloß ermöglicht, sondern fördert?

All diese Überlegungen führen uns zu einem neuen Bild der Aufgaben von Führung, wie sie sich im Angesicht gesellschaftlicher und organisationaler Dekonstruktion immer konturierter stellen: Gemeint sind der Umgang mit den Paradoxien von Entscheidungen, die zunehmende Bedeutung von Kommunikation und Beobachtung nach innen und außen und, last, but not least: der Blick aufs Ganze, die Sicherung des Überlebens, die tatsächlich von keinem anderen Ort aus zu leisten ist.

Im Zuge der Arbeit an diesem Buch haben wir versucht, die theoretisch-reflexive Recherche durch Interviews mit Führungsexperten aus Fleisch und Blut zu »erden«. Zu diesem Zweck haben wir einige dieser Gespräche dokumentiert und in das laufende Geschehen eingefügt. Im Spannungsfeld von Theorie und Praxis entstanden für uns dadurch immer wieder neue Anlässe und Anregungen, unsere vagabundierenden Fragezeichen neu zu überdenken und sie mit denen unserer Gesprächspartner in Deckung zu bringen.

In unserer »Einladungspolitik« haben wir uns bemüht, Gesprächspartner zu finden, die an relevanten Schnittstellen der aktuellen Führungsherausforderungen agieren. Internationalisierung, Strukturwandel, Innovation, (Unternehmens-)Kultur und Geschlechterdifferenz: Jenseits der »harten« Anforderungen, die direkt vom Markt ausgehen und immer raschere Entscheidungen in immer komplexeren Situationen verlangen, liegt ein Gutteil der Geheimnisse einer zeitgenössischen »Kunst des Führens« in der Auseinandersetzung und im Umgang mit den »Soft Facts« im Kontext der Organisationen. So überrascht es nicht, dass sowohl Theoretiker als auch Praktiker in die Lücken der formalen Organisation hineinerzählen und damit andeuten, wie umfassend die Aufmerksamkeit von Führung jenseits der großen Strategien und über die komfortable Exklusivität der Chefetagen hinaus heute zu denken ist.

Im Kapitel zur Führung sollen daher in pointierten, ausgewählten Statements auch die Widerstände und Schwierigkeiten zur Sprache kommen, mit denen sich Führungskräfte in ihrem Alltagsgeschäft konfrontiert sehen. Wir greifen dabei auf die persönlichen Gespräche und Interviews zurück, die wir während der Recherchen zu diesem Buch geführt haben. In diesen Statements erwachsen aus der Standortbestimmung immer auch mögliche bzw. wirklich gewordene Antworten auf scheinbare Sackgassen der Motivation, des interkulturellen Verstehens oder der berühmt-berüchtigten »Sachzwänge«.

Wir sind gespannt, ob es uns mit Hilfe des vorliegenden Arrangements gelingt, das Funkenstieben der Praxis auch auf den Leser und die Leserin überspringen zu lassen. In jedem Fall aber eröffnen die Führungsdialoge Einblicke in die Gedanken- und Erfahrungswelt von Führungsexperten, die sich – aus ganz unterschiedlichen Kontexten kommend – längere Zeit intensiv mit dem Geschäft der Führung befasst haben. Wir bedanken uns ausdrücklich für die Bereitschaft, uns daran teilhaben zu lassen.

2. Im Stadion: Gesellschaft

Ein Gespenst geht um, nicht nur in Europa, sondern weltweit: Es nennt sich Globalisierung, und wo es auftaucht, scheint kein Gras mehr zu wachsen. Seine Agenten werden als Heuschrecken denunziert. Am meisten ins Auge sticht ihre Gesichtslosigkeit: Gespensteragenten eben, die nach getaner Arbeit nichts hinterlassen als verbrannte Erde und einen Haufen (Globalisierungs-)Verlierer.

Bei genauerer Betrachtung entpuppt sich die in diesem Bild enthaltene Diagnose als Symptom: Sie drückt keinen objektiven Sachverhalt aus, sondern beschreibt ein kollektives Gefühl, ein emotionales Verhältnis, das aus (un)bestimmten Wahrnehmungen und Empfindungen erwächst. Das Heuschreckenbild lässt auf Gefühle von Angst und allgemeiner Hilflosigkeit schließen. Man muss kein ausgebildeter Psychologe sein, um zu erkennen, dass – abgesehen von der unmittelbaren Furcht – in den allermeisten höher organisierten Formen von Angst die latente Befürchtung eines Verlustes steckt. In der Heuschreckenmetapher schimmert das unbestimmte Gefühl durch, dass »uns« etwas weggenommen wurde bzw. wird: eine sichere existentielle Basis, stabile Verhältnisse, sozialer Frieden, eine höchstmögliche Berechenbarkeit ökonomischer Kreisläufe. Man neigt dazu, den Grund der Destabilisierung außen zu suchen, gerade weil bei genauerer Betrachtung die Wurzeln der gefühlten Krise oft im Inneren liegen. Bilder wie jene von den Heuschrecken kommen gerade recht, das Hausgemachte an der Turbulenz dahinter zum Verschwinden zu bringen.

»Crisis? What crisis?«, ließe sich an dieser Stelle zusammen mit der Rockgruppe *Supertramp* fragend einwenden. Worauf beruht die Einschätzung, dass die einst »strahlende Größe« der produktivsten Volkswirtschaft der Nachkriegszeit unwiederbringlich verlorengegangen ist? Was genau ist dem Empfinden eines Teils der Nation nach so sehr verlorengegangen, dass man mit der sprichwörtlichen deutschen Gründlichkeit nach schuldigen Räubern jagt, die die Grundfesten des Systems angenagt haben sollen? Gefragt scheint eine Auseinandersetzung mit den Vorgängen und Transformationen im Inneren der Gesellschaft jenseits einer vorschnellen Suche nach namenlosen »Tätern« in den unendlichen Weiten der Globalisierung. Daraus könnte sich ein Vokabular entwickeln, das nicht bloß gegen die Zustände polemisiert und sich immer nur defensiv bzw. reaktiv verhält, sondern einen neuen, aktiveren Zugriff auf die Herausforderungen von Gegenwart und Zukunft formuliert.

Tatsächlich scheint vieles an sogenannten alten Gewissheiten untergegangen zu sein. Die größtmögliche Akkumulation von Verantwortung an der Spitze in allen Teilsystemen der Gesellschaft schloss alles und jedes darin Vorkommende in klare Verhältnisse ein. Staat, Familie, Industrie, Kirche: Die in allen bedeutenden Institutionen und Organisationen entstandenen Hierarchien hatten die Funktion, ihre Mitglieder mit allem (Lebens-)Notwendigen zu versorgen und zu schützen. Im Gegenzug hatten sich die so Versicherten an eine eiserne Regel zu halten: an ihrem Platz zu bleiben und das Ganze nicht in Frage zu stellen.

Man erinnere sich an den Diskurs, mit dem der Osten Deutschlands nach dem Fall der Mauer ins »siegreiche System« eingegliedert wurde: Einer der größten Vorbehalte gegen eine vorbehaltlose Wiedervereinigung seitens des Westens bestand in dem Misstrauen gegenüber der Fähigkeit der »Ostdeutschen«, sich an die neuen Verhältnisse *anzupassen*. Menschen, die darauf konditioniert waren, in einem System zu funktionieren, das in der Wirtschaft wie in allen anderen Bereichen der Gesellschaft die Umsetzung von oben festgelegten Plänen forderte, waren buchstäblich von einem Tag auf den anderen in eine Freiheit entlassen, auf die sie schlicht nicht vorbereitet schienen. Hier spielt(e) sich in einem Zeitraffertempo ab, was im Westen unter wesentlich entschärfteren, abgefederten Bedingungen stattgefunden hatte: der Übergang von einem System versorgender Bevormundung in ein in allen gesellschaftlichen Bereichen marktförmiges Spiel der freien Kräfte.

Nicht zufällig wurde dafür die Analogie von 1968 bemüht. In der politischen Protestbewegung der Sechziger hatte auch der Westen einen Bruch gesellschaftlicher Ordnung erlebt, wenngleich nicht im Sinn eines vollständigen Systemzusammenbruchs. Die Grundfesten der bundesdeutschen Demokratie waren erschüttert worden. Das »System« reagierte gezwungenermaßen mit einer Doppelstrategie: in Form von Abwehr und von Gewalt gegenüber der unmittelbar gegen sein Fortbestehen gerichteten Militanz und in Form von vorsichtiger Integration jener Impulse, die nicht am Sturz, sondern an einer Reform des Ganzen arbeiteten. Mittlerweile lässt sich die Wirkungsgeschichte des Aufstands anhand einzelner Biografien lückenlos als

»langer Marsch ins Ministeramt« dokumentieren, Steinwurf-Ikonografie und Vereidigung in Turnschuhen inklusive.

Jenseits solch individueller Erfolgsanekdoten hat die Systemfrage nie aufgehört, sich zu stellen, wenngleich auf völlig andere Weise. Gegenwärtig interessiert ungleich weniger, ob der Protest das System verändert oder im Gegenteil das System den Protest domestiziert hat, als vielmehr die Notwendigkeit einer Analyse dessen, was sich tatsächlich an Transformationen vollzogen und in die Grundlagen des Systems irreversibel eingeschrieben hat. Die Fronten haben sich nicht nur aufgeweicht, sondern teilweise umgekehrt: Während einstige Revoluzzer mittlerweile in Amt und Würden versteinern, mischt etwa ein braver Schwabe namens Jürgen Klinsmann nicht nur eine völlig verkrustete Organisation namens *DFB*, sondern weite Teile der Nation auf, indem er (selbst)kritisch vermeintlich deutsche Tugenden in Frage stellt – und dadurch einen bis wenige Wochen vor der Fußballweltmeisterschaft noch für unmöglich gehaltenen Erfolg landet. Hinter dem »Sommermärchen« steckt ein radikaler Erneuerungsprozess, der in seinem Kern auf einem neuen, um nicht zu sagen: revolutionären Verständnis von Führung beruht.

Strukturbrüche und Kontingenzerfahrung

Nimmt man mit ein wenig Abstand die hier angedeuteten gesellschaftlichen Phänomene in den Blick, wird deutlich, dass die Verunsicherung und das Unbehagen einer Dynamik geschuldet sind, die sich – wir hatten bereits in der Einleitung davon gesprochen – am besten mit dem Begriff der »Kontingenzerfahrung« umschreiben lässt. Was ist damit in dem hier angerissenen Kontext gemeint?

In der soziologischen Theorie umschreibt der Begriff der Kontingenz einen Zustand, in dem die Dinge immer auch anders sein können, als sie im Moment sind.

»Kontingent ist etwas, was weder notwendig ist noch unmöglich ist; was also so, wie es ist (war, sein wird), sein kann, aber auch anders möglich ist.«

So beschreibt Niklas Luhmann in seinem Grundlagenwerk *Soziale Systeme* (1984, S. 152 ff.) die existentielle Erfahrung moderner Gesellschaften. Andere Autoren, etwa der St. Gallener Soziologe Peter Gross, reden von der *Multioptionsgesellschaft* (1994) und beschwören *Das Ende der Eindeutigkeit*, wie etwa Zygmunt Baumann in *Moderne und Ambivalenz* (1992), Richard Rorty in seinem Werk *Kontingenz, Ironie und Solidarität* (1989) oder Richard Sennett mit seinen Kommentaren zum *Flexiblen Menschen* (1998). All diese Arbeiten geben materialreiche Hinweise auf die grundlegende Erfahrung moderner Gesellschaften: Die Anzahl an möglichen Optionen, Anschlussstellen, Möglichkeitsräumen und alternativen Entwürfe potenziert sich ins schier Unermessliche. »Nichts ist unmöglich«, so das Credo eines japanischen Automobilherstellers. »Only the sky is the limit!«, fügen amerikanische Eliteuniversitäten hinzu und werden bereits wieder von Künstlerinitiativen eingeholt: »The sky is no limit«, so der Name einer Installation von Jakob Jensen bei der Hamburger Kunstausstellung »Zoll – Douane« (2004).

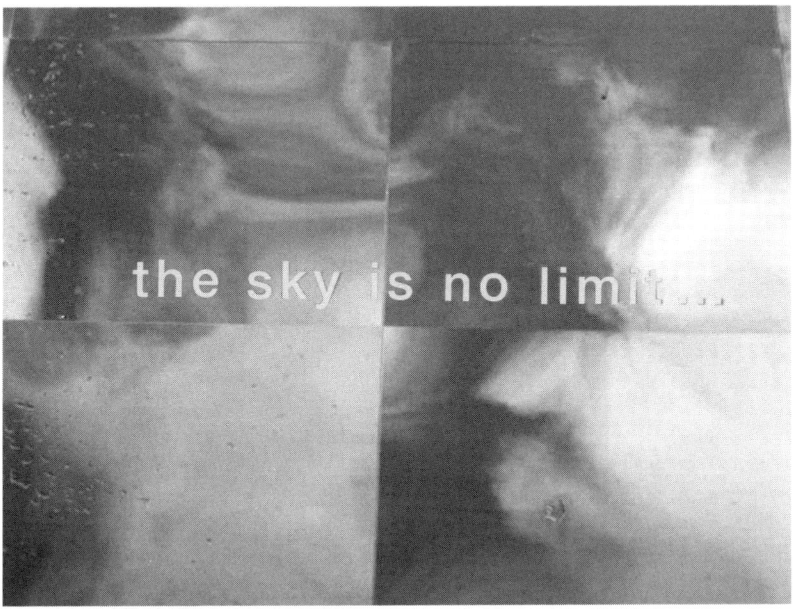

Abb. 1

Nicht selten erscheinen uns die gesellschaftlichen Veränderungen seit etwa 1970, 1980 wie ein Labyrinth ohne Ariadne-Faden, selbst wenn man nur Deutschland im Blick hat. Abgesehen davon, dass sich die geschlossene nationalstaatliche Perspektive angesichts zunehmender internationaler Verflechtungen kaum mehr aufrechterhalten lässt, scheinen sich in diesem Prozess kontinuierlicher Auflösung und Neuzusammensetzung viele Tendenzen tatsächlich global auszubreiten. Wir sind Teil der Weltgesellschaft geworden und mit Effekten konfrontiert, die das Land dramatisch verändern, ohne dass es dazu eine Alternative gäbe. Das Verstörende an diesen Veränderungen scheint für viele in ihrer buchstäblichen Grundlosigkeit zu liegen: Woher diese Inputs kommen, lässt sich meist nicht in einer den einfachen Menschenverstand befriedigenden Weise nachvollziehen. Um die Verstörung zu überwinden, scheint eine andere Art der Analyse vonnöten als eine tiefschürfende Ursachenforschung.

Im Versuch, die Veränderungen weniger zu bewerten als zu beschreiben, wollen wir uns einen Begriff aneignen, den der englische Geologe Colin Campbell in Bezug auf die zur Neige gehenden Ölreserven geprägt hat: Er bezeichnet die Umwälzungen, die das dramatisch sich beschleunigende Versickern des Treibstoffs, der die industrielle Revolution erst ermöglicht hat, mit sich bringt, als »*Strukturbruch*« und weist darauf hin, dass dieser nicht nur Risiken und Schrecken, sondern auch einen enormen Spielraum für die Gestaltung von Alternativen berge (Campbell 2003). Zum einen habe die Menschheit schon immer aus Krisen neue Formen der Organisation von Entwicklung und Wachstum gewonnen, und zum anderen legen einschlägige Forschungen nahe, dass für die nähere Zukunft nicht das Ende des Öls unser größtes Problem darstellt, sondern die drohenden Umweltschäden, sollten wir tatsächlich noch das ganze Öl verbrauchen, das wir besitzen.

So wie in jedem »Strukturbruch« eine Krise steckt, liegt darin auch eine Perspektive umfassender Verbesserung und Weiterentwicklung. In diesem Sinne lässt sich das campbellsche Paradigma auf viele gesellschaftliche Transformationen übertragen: Sowohl 1968 als auch 1989 lassen sich als markante politisch-gesellschaftliche Strukturbrüche bezeichnen, abgesehen von den zahllosen stilleren, aber umso nachhaltigeren, die sich in den »Mühen der Ebene« der letzten Jahrzehnte zugetragen haben.

In der Frühzeit des Kapitalismus, in der Moderne des Industriezeitalters, konnte man einen Strukturbruch beobachten, der für das Zusammenspiel von Führung, Organisation und Gesellschaft einschneidende Folgen hatte: Die Soziologie gelangte in der Beschreibung von Gesellschaft und Organisation zu einer fundamentalen Kritik des »Despotismus« oder der »Willkürherrschaft«. Als Gegenkonzept dazu entwarfen Soziologen wie Max Weber und Betriebswirtschaftler oder Ingenieure wie F. W. Taylor eine umfassende Durchrationalisierung von Herrschaft – mit dem Ziel, Willkür, Ungerechtigkeit und Gewalt zu verdrängen und Macht zu formalisieren. Aus dieser rationalistischen Revolution gingen klare, homogene Modelle von Organisation hervor: die Bürokratie für den Staat, die moderne Fabrik für die Wirtschaft, die (Klein-)Familie für die Gesellschaft. Sie prägten den stabilen Rahmen (preußischer) Disziplin und Produktivität.

Der gesellschaftliche Strukturbruch, in dem wir uns befinden, stellt sich als eine Erosion dieser homogenen, zentralistisch organisierten Modelle dar. Nichts mehr scheint so klag- und fraglos zu funktionieren wie früher. Jammern darüber scheint jedoch ebenso fehl am Platz wie die kurzsichtige Euphorie über die Befreiung von der Enge rationalistischer Zwänge. Ganz im Sinn des Strukturbruchparadigmas lässt sich eben kein apokalyptischer Untergang, sondern ein mitunter schwieriger, aber produktiver Übergang zu neuen Modellen der Organisation von Arbeit, Politik und privatem Leben beobachten.

Bleiben wir noch einen Moment bei der gesellschaftlichen Fragestellung, und versuchen wir, uns zu vergegenwärtigen, was das alles bedeutet. Wie so oft hilft hier ein Blick auf die Genese des Phänomens, die Entwicklungsgeschichte der Moderne also, die wir durch die Brille der Systemtheorie präzise ins Auge fassen können. In seinen Ausführungen zur *Gesellschaftsstruktur und Semantik* fasst Niklas Luhmann den Prozess der gesellschaftlichen Differenzierung prägnant zusammen (1980, S. 9–71). Er unterscheidet dabei drei Stufen in der gesellschaftlichen Entwicklung, die jeweils mit dem unterschiedlichen Grad an Komplexitätsbewältigung zusammenhängen, die eine Gesellschaft leisten muss, um ihren Fortbestand zu sichern.

So gilt bei recht einfach strukturierten, archaischen Gesellschaften das Prinzip der »segmentären Differenzierung«, das nichts anderes besagt, als dass sich das bestehende Gesellschaftssystem in jeweils gleiche Teile differenziert. Ob Familie, Stamm oder Dorf: »Jedes Teilsystem sieht die innergesellschaftliche Umwelt nur als Ansammlung von gleichen oder ähnlichen Umwelten. Das Gesamtsystem kann dadurch eine geringe Komplexität von Handlungsmöglichkeiten nicht überschreiten« (ebd., S. 25). Ursache hierfür ist die Angewiesenheit von Handlungen auf die Anwesenheit der Beteiligten – die Variationsmöglichkeiten sind stark eingeschränkt, da alle Interaktionen von der

Präsenz der handelnden Akteure abhängig sind. Der Experimentierfreude sozialen Verhaltens sind enge Grenzen gesetzt, da alle vom Status quo abweichenden Optionen immer auch den Gesamtzusammenhang des Systems bedrohen:

> »Alle sozialen Formen werden okkasionell gefunden, bleiben an konkrete Lokalisierungen gebunden und müssen präsent sein, um wirken zu können«,

so Niklas Luhmann in *Soziale Systeme* (1984, S. 567). Der in der ethnologischen Literatur häufig erwähnte Konservatismus dieser Gesellschaftsform ist also weniger einer ominösen »prälogischen Mentalität der Naturvölker« (Lévy-Bruhl u. Hamburger 1959) geschuldet als vielmehr funktionales Resultat einer angemessenen Einschränkung von Komplexität – diese hier verstanden als ein Zustand, bei dem mehr als eine Möglichkeit für Anschlusshandeln existiert und man daher entscheiden muss, welche Wahl man trifft. Was immer in diesem Gesellschaftstyp an Problemlagen und widerstreitenden Interessen auftritt, es wird durch den Einsatz von Zeit entschärft, d. h. nacheinander bearbeitet.

Es ist wohl dieser eher aufwendige Bearbeitungsmodus, der ab einem unbestimmten Zeitpunkt die Notwendigkeit einer neuen Systemdifferenzierung nach sich zieht. Im Rahmen einer »stratifikatorischen Differenzierung« wird die prinzipielle Gleichwertigkeit dieser gesellschaftlichen Ordnung aufgebrochen und in ein Über- bzw. Unterordnungsverhältnis nunmehr unterschiedlicher Teilsysteme überführt.

Man darf vermuten, dass bereits die ersten Rollendifferenzierungen in archaischen Gesellschaften (Geschlechtsdifferenzen, Altersunterschiede, sakrale versus profane Rollen) den Keim zu einer neuen Form der Komplexitätsbewältigung in sich trugen: Die damit einhergehende Steigerung der Komplexität innerhalb der bestehenden Gesellschaft wurde immer weniger einzig durch die sequentielle Bearbeitung ihrer Folgen beherrschbar. Es kristallisierte sich die Notwendigkeit heraus, den Umgang mit den Folgelasten auf mehrere, nun notwendigerweise ungleiche Schultern zu verteilen, ohne dass dabei jedoch der Zusammenhalt des Ganzen aus dem Blick verloren werden durfte. Die Lösung für dieses Problem war also die Differenzierung der Gesellschaft in ungleiche Schichten, die miteinander durch eine hierarchische Beziehung verbunden sind. Man konnte sich Unterschiede leisten und damit eine deutlich höhere Komplexität für die Bearbeitung von gesellschaftlichen Fragen generieren – dies allerdings immer unter der Maßgabe eines einheitlichen Zentrums, das für den Zusammenhalt der unterschiedlichen Schichten sorgte, indem es jeder von ihnen einen eindeutigen Platz zuwies. Spätestens an dieser Stelle scheint die prominente Rolle der Hierarchie auf, der »heiligen Ordnung«, die im Rückgriff auf religiöse und moralische Denkfiguren eine eindeutige, Sicherheit und Orientierung stiftende Zuordnung aller gesellschaftlichen Phänomene sicherstellen konnte. Egal, ob man oben oder unten war, arm oder reich, privilegiert oder chancenlos: Stets blieb die Sinnhaftigkeit der Welt als Schöpfung Gottes erhalten, wusste man, wo der eigene Platz im Gesamtgefüge war, und kannte die Spielregeln des eigenen Verhaltens, weil man sich als Teil eines gemeinsamen Spiels verstehen konnte – auch wenn das einzelne persönliche Schicksal von Zeit zu Zeit ins Hadern geriet und unbequeme Fragen nach der Legitimation des Status quo zu stellen wagte.

Mit Hilfe dieser Leitdifferenz von oben und unten erfuhr unsere Gesellschaft einen imposanten Komplexitätsschub: Im nunmehr möglichen arbeitsteiligen Vorgehen konnten deutlich mehr gesellschaftliche Fragestellungen bearbeitet werden, die ihrerseits natürlich wieder für entsprechende Folgekomplexität sorgten – ohne dass dabei der Sinn verloren wurde, der all diese Unterschiede und Widersprüche zusammenhielt und für geordnete Verhältnisse sorgte. Um nicht missverstanden zu werden: Es handelte sich dabei keinesfalls um einen Zustand, bei dem »alles in Ordnung« war. Ungleichheit, Unterdrückung, Not und Verzweiflung waren sicher auf der Tagesordnung auch jener Zeiten. Und trotzdem stiftete der religiös legitimierte Sinn eine Art »kosmologischer Sicherheit«, die den eigenen Identitätsentwurf fraglos stellte und damit eine grundlegende Orientierung schuf, in der jedes Fragezeichen unter dem Siegel des Gottgewollten in ein Ausrufezeichen verwandelt werden konnte.

Verfolgt man den Entwicklungspfad der gesellschaftlichen Differenzierung weiter, wird deutlich, dass spätestens ab dem 16. Jahrhundert ein weiterer Strukturbruch Risse in das fraglos funktionierende Gesamtgefüge trieb. Eine Schlüsselstelle hierfür ist die sich anbahnende Trennung des Religiösen von der Politik im Zuge der Reformation. In dem Moment, wo es für den jeweiligen Landesfürsten möglich wurde, die Konfession seiner Gefolgsleute qua politischer Setzung zu bestimmen, stand die allumfassende Legitimation des gesellschaftlichen Zusammenhangs durch die Religion zur Debatte und verlor ebendadurch ihren sinnstiftenden Charakter. Wenn nicht mehr die Religion, sondern das politische Kalkül die Glaubenszugehörigkeit definieren konnte, verlor die bisherige Selbstverständlichkeit ihrer Deutungshoheit an Kraft und warf Fragen – und damit auch Entscheidungsnotwendigkeiten – auf, die unmittelbar sowohl neue Wahlmöglichkeiten als auch die damit verbundenen Risiken und Unsicherheiten nach sich zogen.

Auch dieser »Aufbruch« der bestehenden gesellschaftlichen Deutungsmuster weist ein hohes Maß selbstinduzierter Dynamik der Komplexitätsbewältigung auf. Die Gesellschaft kam an Bearbeitungsgrenzen der durch sie selbst aufgeworfenen Probleme und driftete nach und nach in einen neuen Modus der Bearbeitungsform hinein. Ein neues Differenzierungsprinzip begann, sich zu etablieren, und führte zu einem zunächst schleichenden, dann immer rascher eskalierenden Verlust des gesellschaftlichen Mittelpunkts. An die Stelle der vertikalen Differenzierung trat die funktionale, horizontale Differenzierung, die zur Folge hatte, dass sich sukzessive alle bestehenden gesellschaftlichen Teilbereiche voneinander abkoppelten und ein reges Eigenleben entwickelten, indem sie sich selbst als einzigen Referenzpunkt für ihre weitere Entfaltung setzten.

Die Entstehung der familiären Privatsphäre, die Trennung von Recht und Politik, die Entkopplung von Religion und Wirtschaft, die rasante Entwicklung der Wissenschaften, die Ausprägung eines spezifischen Liebescodes, der über bestehende Ständegrenzen hinweg das Ideal einer romantischen Zugehörigkeit formulierte – all diese Umbrüche signalisieren die Entfesselung funktionaler Teilbereiche innerhalb der Gesellschaft, die nunmehr ohne Rücksicht aufeinander ihr inhärentes Potential entfalten konnten. Nicht gehemmt von der Notwendigkeit körperlicher und lokaler Anwesenheit und unbeeindruckt von der relativen Undurchlässigkeit der gesellschaftlichen Schichtung, gewann diese Dynamik des Komplexitätsaufbaus ab der Mitte des 19. Jahrhunderts eine Wucht, durch die sämtliche Teilbereiche unserer Gesellschaft konsequent auf sich selbst verwiesen wurden. An die Stelle einer gemeinsamen Grundsymbolik, mit der die Einheit der Differenz gesichert und zentrale Orientierungsmarken gesetzt werden konnten, rückt die nicht kompatible Eigenlogik von Wirtschaft, Wissenschaft, Politik, Erziehung, Kunst, Religion etc. Statt aufeinander bezogen zu sein, existieren plötzlich unverbundene Teilbereiche der Gesellschaft nebeneinander und funktionieren ausschließlich nach der ihnen eigenen Logik. »Ni dieu, ni maître« – keine Instanz leistet mehr den befriedenden Zusammenhalt der Teile im Ganzen. Wie immer reagieren die Künstler – zuverlässige und empfindsame Seismografen der Gesellschaft – bereits früh auf diesen Sachverhalt:

> »And new Philosophy calls all into doubt,
> The Element of Fire is quite put out;
> The Sun is lost, and th'Earth, and no man's wit
> Can well direct him, where to look for it ...
> ... Tis all in pieces, all coherence gone
> All just supply, and all relation:
> Prince, Subject, Father, Sun, are things forgot,
> For every man alone thinks he has got
> To be a Phoenix ...«

... heißt es bereits um 1600 in den *Anniversaries* des englischen Dichter John Donne (1963).

Was mit diesem Entwicklungsschritt auf der Haben-Seite der Gesellschaft auch verknüpft war – auf der Soll-Seite führt der Preis dieser Entwicklung zu einem Kernelement unserer Argumentation. Unwiederbringlich verloren geht der Zusammenhalt des Ganzen – und damit auch die Orientierung, mit der ein halbwegs sicheres Navigieren in Zeiten des Umbruchs und der Dunkelheit möglich war. Ohne einheitlichen Maßstab, ohne Verbindungslinien der Zugehörigkeit zu einem gemeinsamen Ganzen verschwindet der Ort, aus dem heraus das Gesamtgefüge als solches beobachtet und beschrieben werden kann; in radikaler Weise stellt sich die Frage, inwiefern man überhaupt noch von einem einheitlichen Ganzen sprechen kann.

Die Gesellschaft – existiert sie überhaupt noch angesichts der Zersplitterung in *communities, peer & pressure groups,* Zielgruppen und Parallelwelten? Die Familie – was soll das noch sein im Zeitalter des Patchworks? Die Arbeitsgesellschaft – lässt sich an dieser Bezeichnung noch ohne Zynismus festhalten angesichts konstant hoher Arbeitslosenquoten und der exponentiellen Zunahme von Beschäftigungsverhältnissen, die das Überleben nicht mehr garantieren? Einheitliche Werte und verlässliche politische Parteien, die das Gemeinwohl im Auge haben? Selten so gelacht. Die schon sprichwörtliche Politikverdrossenheit, ein kaleidoskopartiges Nebeneinander von Lebensentwürfen, Identitätssplittern und Grundhaltungen: Paul Feyerabends »Anything goes« hat schon längst seinen anarchisch-utopischen Charakter verloren und wird von der Wirklichkeit der gesellschaftlichen Dynamik überholt.

Exemplarisch soll im Folgenden eine Beschreibung zur Lage der traditionellen »Eigenwerte« unserer Gesellschaft die hier festgehaltenen theoretischen Überlegungen konkretisieren und einen Eindruck von der Schärfe der Strukturbrüche vermitteln. Im Anschluss daran müssen wir die Frage stellen, inwieweit Führung darauf vorbereitet ist, mit diesen Strukturbrüchen umzugehen – oder ob sie als gesellschaftliche Funktion nicht selbst Teil dieser Verwerfungen geworden ist, um eigene Orientierung ringend und ihrer Wirksamkeit nicht mehr gewiss ...

Familie

Beginnen wir mit der gesellschaftlichen Keimzelle von Geborgenheit und Orientierung: der typischen Kleinfamilie. Der Strukturbruch des Systems Familie heißt Gleichberechtigung. Es ist noch gar nicht so lange her, da war der Mann nicht nur »Haushaltsvorstand«, sondern Vormund seiner Frau. Die juristische Form einer egalitären Partnerschaft stellt ein noch junges Phänomen in der Geschichte der Institution Ehe dar. Auch die in unseren Breiten gesellschaftlich anerkannte Form der Liebesheirat entpuppt sich im historischen und interkulturellen Vergleich als Ausnahmefall.

Ein Blick auf den Anstieg der Scheidungsrate seit etwa 1980 macht gerade in der »Keimzelle des Staates« einen fundamentalen Erosionsprozess sichtbar. Glaubt man den sich abzeichnenden Trends, wird die klassische Familie bereits in absehbarer Zeit eine »Sonderedition«. Mehrfachehen, Parallelbeziehungen, Dreiecksgeschichten gehören mehr und mehr zum Standardrepertoire längst nicht mehr nur einer kleinen Minderheit. Nicht zu vergessen sind dabei immer auch die Kinder, die sich in diesen »ungeordneten Verhältnissen« durchaus zu behaupten wissen. Natürlich sind dies je nach Standpunkt nicht nur *bad news*. So dokumentiert die hohe Zahl an Scheidungen nicht nur ein massenhaftes Scheitern von Beziehungen und die Enttäuschungen sowohl der eigenen als auch der gesellschaftlich mitproduzierten Erwartungen und Ansprüche. Jede Eheschließung muss sich heute auch damit auseinandersetzen, dass in ihr das gemeinsame Ende bereits mit angelegt ist. Mit dem Bund für das Leben zu rechnen erweist sich als zunehmend riskanter.

Doch es lohnt sich, auch die Rückseite der Medaille in den Blick zu nehmen: Wohnt nicht jedem Ende auch »der Zauber eines neuen Anfangs« inne? Mit der der Situation angemessenen Verfremdung des geflügelten Wortes von Hermann Hesse wird deutlich, welches Chancenpotential in dieser Entwicklung steckt. Warum etwas aufrechterhalten, dem sein Inhalt bzw. sein Sinn – aus welchen Gründen auch immer – verlorengegangen ist? Die Verantwortung für das eigene Wohlergehen in einer Beziehung kann nicht mehr an die Konvention gesellschaftlicher Verpflichtungen abgegeben werden – und wird damit erst übernehmbar als jeweils konkret zu treffende Entscheidung, die (wie immer sie auch ausfällt) mit ihren jeweiligen Konsequenzen zu rechnen hat. Gestaltung wird möglich, wo vorher starre Konvention geherrscht hat.

Wie so oft, spielt sich auch hier die Wirklichkeit in der Grauzone zwischen diesen beiden Extremperspektiven ab. Der Anstieg der Scheidungsraten ist nicht bloß Ausdruck eines Scheiterns, sondern bedingt auch eine Vervielfältigung an alternativen Modellen familiärer Organisation. An dieser Stelle lässt sich die konservative Perspektive auf den Verfall der Familie leicht umdrehen: Man kann darin ebenso gut einen evolutionären Prozess im Umgang mit der steigenden Komplexität der eigenen Umwelt ausmachen.

Nationalstaat

Auch für einen weiteren Garanten für Recht und Ordnung lassen sich eine ganze Anzahl von Beobachtungen zusammentragen, die das tradierte Selbstverständnis dieser Institution nachhaltig ins Wanken bringen. Beginnen wir mit den Wurzeln rechtsstaatlicher Identität. Die grundlegende Herausforderung der Wiedergewinnung rechtsstaatlicher Souveränität nach dem Nationalsozialismus bestand darin, das Zusammenspiel voneinander unabhängiger Institutionen zu reorganisieren. Im Rückgriff auf die kelsensche Verfassung und in Abgrenzung von der schmittschen Apologie des Ausnahmezustands[1]

1 Vgl. Carl Schmitts berühmten Satz: »Souverän ist, wer über den Ausnahmezustand bestimmt« aus seiner *Politische(n) Theologie* (1996). Der Staats- und Völkerrechtler Schmitt bereitete mit seiner irrational-willkürlichen Setzung von politischer Macht der nationalsozialistischen Rechtsauffassung schon in den 1920er Jahren den Boden. Seine demokratiefeindliche Rechtskonzeption hob sich in polemischer Weise von der durch Hans Kelsen vertretenen Schule des Rechtspositivismus ab, auf dem das Grundgesetz der Bundesrepublik Deutschland basiert.

entstand ein Gebilde, das die Ersetzung der Rechtsstaatlichkeit durch ein Führerprinzip unmöglich machen sollte.

Auf dieser Grundlage entstand eine förderalistische Variante des für das westliche Nachkriegseuropa typischen Versorgungsstaates. Der gesellschaftliche Friede sollte durch eine möglichst gerechte Verteilung von sozialen Leistungen und Bereitstellung einer allen zugänglichen pädagogischen und medizinischen Infrastruktur sichergestellt werden. Der kollektiv produzierte Reichtum sollte auf diese Weise auch allen zugute kommen.

Dieses an sich vorbildliche System kam vor allem durch zwei Entwicklungen in die Krise. Erstens erzeugt eine flächendeckende Sozialversorgung neben der notwendigen Überlebenssicherung auch Abhängigkeit und Unmündigkeit; sie bringt in gewisser Weise hervor, was man eigentlich verhindern möchte, nämlich sogenannte Sozialfälle, die ihr Leben nicht mehr selbstständig und unabhängig führen können. Und zweitens sind der Volkswirtschaft im Zuge der verstärkten Globalisierung vor allem seit etwa 1990 wichtige Einnahmen durch den Abzug von Produktionsstandorten abhanden gekommen. Der soziale Versorgungsstaat hat sich – nicht nur freiwillig – in einen modernen Wettbewerbsstaat verwandelt. Nun sind neue Lösungen dafür gefragt, nicht nur die Wettbewerbsfähigkeit, sondern auch den sozialen Frieden zu sichern und strukturelle Defizite und steigende Armut zu bekämpfen. Staat und Gesellschaft sehen sich vor der Herausforderung, ein qualitativ neues Verhältnis zu entwickeln: weg von der sozialanwaltlichen Bevormundung hin zu einem dialogischeren Umgang mit und zwischen mündigen Bürgern.

Auch hier zeigt sich die Janusköpfigkeit der Veränderungen im Selbstverständnis des Nationalstaats herkömmlicher Prägung: Der zunehmende Verlust eines wohldefinierten Zentrums der politischen Öffentlichkeit bringt Dezentralisierung, Subsidiarität und Mitbestimmung auf der einen, aber auch größere Unsicherheit und Risiken für den Einzelnen auf der anderen Seite. Gerade hier wird das Dilemma einer turbulenten gesellschaftlichen Großwetterlage überdeutlich sichtbar. Fast im selben Atemzug werden Gängelung, Reglementierung und Bürokratisierung beklagt *und* eindeutige Richtlinien und Gesetze eingefordert. Wie kaum anderswo wandelt Führung in den staatlichen Institutionen auf dem schmalen Grat zwischen dem diplomatischen Suchen nach Konsens und der Notwendigkeit, Entscheidungen zu treffen und sie auch umzusetzen.

Wirft man darüber hinaus einen Blick auf den wirtschaftlichen Kontext, wird recht schnell deutlich, dass die hier beschriebene Form der politischen Institution schon längst nicht mehr Schritt halten kann mit den Herausforderungen, die ein globales Wirtschaftsgeschehen nach sich zieht. Bereits 1985 hat Kenichi Ohmae in seinem Buch *Die Macht der Triade* darauf hingewiesen, dass in einer »verknüpften Ökonomie« die Grenzen des Nationalstaats für die Geschäfte der internationalen Konzerne nicht mehr ausschlaggebend sein werden. Die laufende Diskussion über Standortverlagerungen, Produktivitätsvorteile und grenzüberschreitende Warenströme macht deutlich, dass jenseits aller staatlichen Anstrengungen um Kontrolle oder zumindest Einfluss auf das Geschehen die konkrete Praxis den Anspruch längst überholt hat. Ähnlich genervt wie der Urlauber, der auf dem Weg in die Berge feststellt, dass er bei seinem Transit durch die Schweiz doch noch seinen Pass oder Personalausweis vorzeigen muss, reagieren Großkonzerne auf die manchmal schon verzweifelt aufrechterhaltenen Restriktionen nationaler Politik. Aktuell sprechendes Beispiel dafür sind etwa die mühsamen Auseinandersetzungen um den Luftfahrtkonzern *EADS*, der aufgrund seiner national übergreifenden Eigentümerzusammensetzung in so manche (durchaus existenzgefährdende) Auseinandersetzung geraten ist. »Freie Bahn für freie Bürger«, schallt es aus diesen Ecken, und nur da, wo aufgrund von Steueroptimierungsmodellen das Spiel mit den nationalen Differenzen lukrativen *value added* abwirft, zeigt man sich versöhnlich mit den Ansprüchen nationalstaatlicher Eigenheiten.

Doch auch diese Münze hat zwei Seiten. So haben etwa Jonas Ridderstrale und Kjell Nordström in ihrem aufsehenerregenden Bestseller *Funky Business* (2000) darauf hingewiesen, dass der Nationalstaat herkömmlicher Prägung zwischen zwei Stühlen sitzt. Vor dem Hintergrund globaler Fragestellungen ist er »eine viel zu kleine Einheit, um sinnvolle Entscheidungen zu treffen. Arbeitslosigkeit, Umweltverschmutzung, Armut und andere Themen erfordern umfassende Organe, in denen weitreichendere Entscheidungen getroffen werden können« (ebd., S. 53). Auf der anderen Seite ist dieses Gebilde vielfach zu groß, um bei den relevanten Problemlagen des Alltags seiner Bürger und Bürgerinnen sinnvoll agieren zu können. Wer die Pflege der Großeltern übernimmt, sich um die Grundschule der Kinder kümmert oder die ärztliche Grundversorgung nachhaltig garantiert: All diese Fragen spielen im Handlungsfeld des Nationalstaats – wenn überhaupt – nur eine untergeordnete Rolle. Die andauernde Debatte über die Reform des Gesundheitssystems soll hier nur als ein Beispiel unter vielen erwähnt werden.

Die Ambivalenz gegenüber diesem Gebilde bekommt eine weitere Facette, wenn wir die nationalistischen Bestrebungen verfolgen, die im »neuen« wie auch »alten« Europa immer wieder aufbrechen und für Schlagzeilen sorgen. Die Paradoxien einer entgrenzten Gesellschaft finden hier ihren bedenkenswerten Höhepunkt. Es ist die bereits bekannte Denkfigur einer erodierenden Gesamtgesellschaft, die um ihre Kohäsion ringt und dabei reflexartig Rückgriffe auf Versatzstücke ehemals erfolgreicher *survival strategies* exerziert. Die Illusion eines Auswegs mittels des mit lautem Getöse inszenierten Rückzugs auf den (halbwegs) überschaubaren nationalen Grund und Boden scheint zunächst kurzfristig für Entlastung zu sorgen. Der Zorn in diesem Rückzug lässt erahnen, dass auch dem lauthals »Ausländer raus!« brüllenden *NPD*-Mitglied mittlerweile nicht verborgen geblieben ist, wie mühevoll die Bananenzucht in deutschen Gefilden ist und wie teuer so manches Produkt Made in Germany tatsächlich im Vergleich zu den (qualitativ meist ebenbürtigen, wenn nicht oft sogar besseren) asiatischen Produkten ist. Spätestens, wenn man sich dann im *Media-Markt* (»Geiz ist geil!«) doch für den günstigen DVD-Player aus Taiwan entscheidet, erzeugen die Kapriolen globaler Lebensumstände so viele kognitive Dissonanzen, dass sie radikal abgedunkelt werden müssen – koste es, was es wolle!

Parteien

Tektonische Verschiebungen lassen sich auch in der Parteipolitik festmachen: Die Ära der Nachkriegsdemokratie war geprägt von einer paternalistisch betriebenen Aussöhnung der (Klassen-)Gegensätze; Stabilität wurde durch einen geregelten Interessenabgleich zwischen den großen gesellschaftlichen Blöcken garantiert. Die »Volksparteien« *SPD* bzw. *CDU/CSU* konnten sich langfristiger und oft auch familiär tradierter Loyalitäten in ihren Kernwählerschichten sicher sein. In dem Maß, in dem sich diese aufzulösen begannen, erodierten jedoch auch die Parteien.[2] Im Herbst der wilden Siebziger formierte sich aus

2 Allein seit 1996 ist die Mitgliederzahl der *SPD* von etwa 790 000 auf 560 000 zurückgegangen, die der *CDU* von 645 000 auf 555 000. Die *NPD* wuchs in derselben Zeit von 3300 auf 6700 Mitglieder an (Quellen: *brand 1* 02/2007, Schwerpunkt Veränderung, S. 113; *Mannheimer Morgen*; 26.6.07, S. 4).

den reformerisch orientierten Protesteliten die grüne Bewegung als Wahlalternative für die Jüngeren. Diese erfuhr ihre innere Differenzierung im Zeitraffertempo: Der groben Trennung zwischen Fundis und Realos folgten immer feinstreifigere Abspaltungen im parlamentarischen und außerparlamentarischen Bereich. Darüber hinaus erwirkten *Die Grünen* durch das offensive Thematisieren ökologischer und sozialpolitischer Fragestellungen indirekt eine Differenzierung innerhalb der Volksparteien: Unter dem Druck der öffentlichen Meinung waren diese gefordert, sich zu den von den *Grünen* aufs Tapet gebrachten Problemen wenigstens rhetorisch zu positionieren, was mitunter latente interne Flügelkämpfe sichtbar werden ließ. Man denke hierbei etwa an die »innerparteiliche Opposition«, die politische Köpfe wie Heiner Geißler oder Rita Süssmuth in der *CDU* über lange Zeit einnahmen. Ihr »Im-Spiel-Bleiben« signalisierte der Öffentlichkeit, dass innerhalb der Partei gegensätzliche Positionen sehr wohl möglich sind.

Seit etwa 2000 haben sich – nicht zuletzt aufgrund der Ängste vor den radikalen Veränderungen und der vor allem im Osten fehlenden Perspektiven – sowohl an der rechten *(DVU, NPD)* als auch an der linken Flanke (*Linkspartei* und *WASG*, die sich im Juli 2007 zur Partei *Die Linke* zusammengeschlossen haben) des politischen Spektrums Protestbewegungen gebildet, die ein provokantes Spiel zwischen dem repräsentativen Innen und Außen betreiben, indem sie die widersprüchlichen Protestenergien auf einen kleinen, aber umso populistischeren Nenner bringen. Interessanterweise setzen dabei vor allem die Linken in ihrem Organisationsdesign auf das Prinzip einer Führerschaft durch ihre medienerfahrenen Polit-Popstars Oskar Lafontaine und Gregor Gysi. Die Rechte wendet derweil das »linke« Prinzip der Basismobilisierung an und besetzt die verwaiste soziale Infrastruktur des Ostens durch Ortsteilfeste und Infiltrierung von Jugendzentren einerseits und durch Gewaltandrohung und Gewaltausübung andererseits.

Die im Parlament vertretenen Parteien sehen sich durch die Bank vergleichbaren Problemen ausgesetzt: Auf der einen Seite zwingen die immer stärker in den politischen Diskurs drängenden Ergebnisse der Meinungsforschung zur punktgenauen Abstimmung des eigenen Auftretens auf die gerade angesteuerten Zielgruppen. Auf der anderen Seite müssen gleichzeitig Strategien der Homogenisierung und des deutlich von den Mitbewerbern abgegrenzten Erscheinungsbildes betrieben werden, damit man in einer relevanten Größenordnung im Spiel bleiben kann.

Dieses Spiel scheint sich nicht zuletzt durch die Fokussierung von Politik auf die »Köpfe«, die Führungspersönlichkeiten, zuzuspitzen. Ohne Joschka Fischer als Identifikationsfigur hätten die *Grünen* wohl noch lange in biomassegeheizten Seminarräumen an ihrer Regierungsfähigkeit gebastelt; der Sturz von Helmut Kohl gelang der *SPD* nicht durch ein überzeugendes politisches Gegenprogramm, sondern durch eine attraktive Personalalternative namens Gerhard Schröder. Und selbst eine so spröde inhaltliche Arbeiterin wie Angela Merkel musste die spezifischen Herausforderungen der Führungsrolle annehmen lernen, um Edmund Stoiber als Rivalen in die Schranken zu weisen.[3]

Man ist versucht, die Zuspitzung des politischen Diskurses auf »charismatische« Führungskräfte als eine indirekte Folge der radikaldemokratischen Experimente der 68er-Ära zu interpretieren. Dabei darf jedoch nicht übersehen werden, wie sehr sich auch dort, wo es am ausdrücklichsten um Macht geht, der Spielraum des Führens verändert hat. Hinter dem Frontmann oder der Frontfrau steht nicht nur eine Partei, sondern eine Phalanx von Beratern, Experten, Fachkräften und Redenschreibern, die ihre Erfahrung und Intelligenz in das Gesamtprodukt ein- und nicht selten den Chef gegen seine eigene Truppe in Position bringen. Meist bleiben diese ungenannt, es sei denn, ihre Namen versinnbildlichen sich im medialen Diskurs von selbst, ob *Gauck-Behörde, Riester-Rente, Hartz-IV-Gesetz oder Rürup-Kommission.* Wo Führung zuweilen am einsamsten wirkt, ist sie in Wirklichkeit das Ergebnis intensiver, vielschichtiger und oft widersprüchlicher Kommunikationsarbeit. Der Differenz von Rolle und Person auf der repräsentativen Ebene entspricht die Integration von Interessengegensätzen auf der Ebene der Organisation.

Das Verhältnis zwischen Politikern als Akteuren und ihren Parteien als Organisationen hat sich ebenso gewandelt wie das zwischen den Parteien und ihrem Publikum. So wie die Wähler sich kaum noch auf Gedeih und Verderb an ein »Lager« gebunden fühlen, entdecken auch die Funktionäre Nutzen und Reiz eines differenzierten takti-

3 Eine bestechende Analyse des Verhältnisses von Person und Rolle am Beispiel Angela Merkel lieferte Dirk Kurbjuweit in dem Text *In der Ich-Mühle*, erschienen im *Spiegel* vom 30.10.06.

schen Umgangs mit der eigenen Organisation. Die einst unhinterfragbare »gemeinsame Sache« hat sich in einen Verhandlungsgegenstand komplexer Interessenverwicklungen verwandelt. Es gibt keinen Spitzenpolitiker mehr, der nicht in der einen oder anderen Angelegenheit im Widerspruch zu seiner »Basis« steht. Was früher noch als Unterschrift unter die eigene Entlassung gegolten hätte, dient mittlerweile dazu, ein eigenständiges Profil zu gewinnen und »Führungsqualitäten« unter Beweis zu stellen. Wie in den Unternehmen scheint sich Führung auch in der Politik immer stärker an der Grenze von Organisation und Gesellschaft wiederzufinden.

Als relativ junge Entwicklung kommt hinzu, dass die Parteien ihren politischen Alleinvertretungsanspruch sukzessive an private Organisationen, sogenannte *NGOs*, abtreten mussten bzw. müssen. Diese haben im medial inszenierten politischen Wettbewerb gegenüber den schwerfälligen Parteiapparaten unleugbare Vorteile: Sie halten den Grad ihrer Organisation schlank, etablieren zu ihren Sympathisanten eine für beide Seiten praktikabel-unverbindliche Beziehung, beschränken sich meist auf ein Kernthema und sind in ihrem Auftreten auf zielorientiertes Lobbying ausgerichtet. Fast wäre man dazu verleitet, sie als postmoderne Parteien zu bezeichnen; dafür fehlt ihnen allerdings der Zugang zur bzw. die Teilhabe an der repräsentativen, über ein verfassungsrechtliches Votum legitimierten Macht. Statt den Parteien auf ihrem angestammten Gebiet Konkurrenz zu machen, haben sie sich folglich darauf spezialisiert, diese mittels öffentlicher Kampagnen mit bestimmten Inhalten herauszufordern und zu beeinflussen. Daraus ist ein Wechselspiel entstanden, das zunächst unbemerkt, in den letzten Jahren jedoch immer deutlicher den politischen Diskurs in eine komplexe Polyphonie verwandelt hat. So verwundert es kaum noch, wenn Forderungen von kapitalismuskritischen Organisationen wie jene nach der sogenannten *Tobin-Tax* der Gruppe *Attac* wenig später vom politischen Mainstream aufgenommen werden (so wurde etwa die *Tobin-Tax*, eine Steuer auf internationale Finanztransaktionen, mittlerweile unter anderem auch von Österreichs Exbundeskanzler Wolfgang Schüssel gefordert).

An die Stelle verbindlicher, paternalistisch geprägter Abhängigkeitsverhältnisse ist so eine diskontinuierliche, punktuelle Form der Kooperation getreten, die den Spielraum auf beiden Seiten zu jedem Zeitpunkt neu bestimmt. Mit Blick auf unsere Fragestellung lässt sich jedenfalls festhalten: Mit nur einer (politischen) Stimme all die unterschiedlichen Anliegen und Problemlagen der Gesellschaft adressieren zu wollen (und können) muss vor diesem Hintergrund in der Tat endgültig ad acta gelegt werden.

Kirche(n)

Kaum eine Organisation hat die gesellschaftliche Erosion so getroffen wie die Kirchen. Das betrifft sowohl ihre Meinungsführerschaft auf dem Feld der geistig-moralischen Werte als auch die faktische Tendenz eines dramatischen Mitgliederschwundes. Beides verwundert nicht, wenn man bedenkt, dass eine um sich greifende Erfahrung der Kontingenz am Fundament religiöser Legitimation rüttelt. Ein allumfassendes, in sich ruhendes Schöpfungsprinzip steht im unversöhnlichen Widerspruch zu einer solchen Erfahrung, zu der Feststellung also, dass alles auch ganz anders sein könnte.

»Observers are worried, believers enjoy«: Diese Formulierung, die groß und stolz auf so manchem westafrikanischem Gruppentaxi prangt, bringt diesen Sachverhalt hintergründig auf den Punkt. Der Beunruhigung des Beobachters, der durch seine Distanz in die Lage versetzt wird, die vielen Wahlmöglichkeiten wahrzunehmen, die ihn unter immer neuen Entscheidungsdruck setzen, wird die Entlastung eines unverbrüchlichen Glaubens entgegengehalten. Knapper lässt sich die Grundidee der Institution von Kirche(n) wohl kaum zusammenfassen.

Bereits mit dem 18. Jahrhundert hatte in Europa allerdings ein Reflexionsprozess eingesetzt, der die guten Absichten des Schöpfers »der besten aller möglichen Welten« ernsthaft in Zweifel zu ziehen begann. Angesichts solch kapitaler Katastrophen wie der des großen Erdbebens von Lissabon im Jahr 1755 stellte sich schon damals die Frage, wie ein barmherziger und gütiger Gott solches im Rahmen eines kreationistischen Masterplans rechtfertigen könne. Die großen Denker der Epoche lieferten sich unter dem Stichwort des »Theodizee-Problems« einen Schlagabtausch, der zur Folge hatte, dass der Religion die Deutungshoheit über das Weltgeschehen sukzessive abhandenzukommen begann.

Diese Krise erlangte im Lauf der sechziger und siebziger Jahre des vorigen Jahrhunderts jenseits des theologisch-philosophischen Diskurses eine andere, für die Existenz der Organisation weitaus bedrohlichere Qualität: Im Zuge der Flower-Power-Bewegung entdeckten viele junge Menschen alternative Formen spiritueller Praxis, die sich zur Kirche verhielten wie die *NGOs* zu den Parteien. Esoterik- und New-Age-Religionen lockten mit Niederschwelligkeit in Organisationsfragen und Angeboten, die auf die speziellen Bedürfnisse ihrer Kunden zugeschnitten waren. Ähnlich wie beim Auftauchen der grün-alternativen Bewegung im politischen Feld lassen sich auch auf dem »Seelenmarkt« Effekte einer innerkirchlichen Reformbewegung erkennen, deren Impuls nicht zuletzt in der wachsenden Konkurrenz lag. Im Angesicht der spirituell-geistigen Aufbruchsstimmung der Jugendreligionen modernisierten sich auch die Amtskirchen: Mit Jazz-Messen wurde zum ersten Mal ein jugendspezifisches Angebot eingeführt; insgesamt setzte im Sog der gesellschaftlichen Erneuerungsbewegung eine breite Ausdifferenzierung in Bezug auf das organisationale Design ein.

Für die Gegenwart lässt sich feststellen, dass die Kirchen von der drastischen Zunahme individueller und kollektiver Verunsicherung zwar inhaltlich profitieren, weil ihnen die Formulierung und Verkündung verbindlicher Werte gleichsam noch immer als Kernkompetenz zugeschrieben wird; dennoch wird sich daraus kein Szenario einer glorreichen Rückkehr »zu alter Stärke« mehr ableiten lassen. Das kann man schon daran erkennen, dass sich die Kirchen in ihren öffentlichen Strategien unverhohlen am dominierenden Charakter der Event-Gesellschaft ausrichten. Statt donnernder Predigten und unzeitgemäßer Geißelung der allgemeinen Verlotterung werden eben popkonzertartige »Begegnungen« der Jugend mit dem Papst oder eine »Lange Nacht der Kirchen« veranstaltet mit dem Ziel, die Menschen wieder in den heiligen Schoß zurückzuholen. Auch hier lässt sich ein wachsendes Interesse an den Themen registrieren, die traditionsgemäß von den Kirchen organisiert wurden und nun nicht mehr durch die Institution der Amtskirche bedient, sondern durch ein buntes, eklektizistisches Gemisch unterschiedlicher religiöser Versatzstücke, die in kleinen *communities* jeweils spezifisch zusammengesetzt werden, erfüllt werden.

Kultur und Sport

Exemplarisch für den Bereich von Freizeit und Unterhaltung seien an dieser Stelle noch die tiefgreifenden Transformationen skizziert, die sich seit etwa 1990 auf den Feldern von Kultur und Sport abgespielt haben. Zum einen haben sowohl Kultur (Musik, Mode, Lifestyle,

Trends) als auch Sport gesellschaftlich und ökonomisch derart an Bedeutung gewonnen, dass es sich kein ernst zu nehmender soziologischer Diskurs mehr leisten kann, beide auszuklammern. Sowohl in der einer permanenten technologischen Revolution ausgesetzten Unterhaltungsindustrie als auch im Sport und dem daran angeschlossenen Merchandising werden Milliarden umgesetzt; Großereignisse wie die Fußball-WM 2006 oder Musikfestivals vor Hunderttausenden von Fans geben zudem ein deutliches Zeichen, inwiefern sich dorthin grundlegende Sehnsüchte und Bedürfnisse nach Identifikation und Vorbildern verlagert haben.

Nicht übersehen werden soll bei allem konsternierten Staunen über diese Entwicklungen, welche Umwälzungen dieser Boom für den organisationalen Rahmen von Kultur und Sport gezeitigt hat. Im Kulturbereich wurde die lose Nachhaltigkeit überschaubarer Initiativen und Klubs, die weitgehend nach dem Selbstversorgerprinzip funktionierten, in einen Wettkampf der Agenturen und Festivalgesellschaften um die großen Acts verwandelt. Auch bei der Rekrutierung des Nachwuchses wird nichts dem Zufall überlassen: kaum einer der aktuellen nationalen Popstars, der nicht das Produkt einer Castingshow oder Popakademie ist. Trotz aller Versuche, über perfekt durchgestylte mediale Inszenierungen den Mythos des allürenbehafteten, charismatischen Superstars am Leben zu erhalten, stellt sich allmählich auch bei unbefangenen Beobachtern die Erkenntnis ein, dass es sich hierbei in der Regel um das Ergebnis einer jahrelangen, disziplinierten Arbeit an den stimmlichen und körperlichen Fertigkeiten handelt. Gnadenlose Leistungsanforderungen, eine konsequente Durchökonomisierung aller Aktivitäten und permanente Verfügbarkeit: Die durchgehende Funktionalisierung von Kultur verlangt nach einer organisationalen Entsprechung, die möglichst wenig dem Zufall überlässt; zu viel Geld steht auf dem Spiel, als dass die Investitionen in Stars oder Produktionen sich tatsächlich frei entfalten könnten.

Und wir stehen bereits an der nächsten Evolutionsstufe einer Entwicklung, die bislang nur von Science-Fiction-Autoren konsequent weitergedacht wurde: der (kostengünstigen) Kontrollierbarkeit künstlicher Kreationen, der sogenannten Atavare, die in der virtuellen Realität des World Wide Webs ein Eigenleben führen, welches sich zusehends mit dem der realen Welt vermischt. Beispiele gefällig? ... angefangen bei den noch etwas klobig umgesetzten Marketingkampagnen der *Telekom* (Sie erinnern sich: die blonde Kunstfigur, die im scharfen

Wettbewerb der Anbieter lauthals die Vorteile der *Telekom* pries) über den Erfolg von *Second Life*, der bei weitem nicht ersten, aber mittlerweile bekanntesten Parallelwelt des Internets, für die bereits Gegenstände, die »dort« zur weiteren Spielgestaltung hilfreich sind, in den »hiesigen« E-Bay-Basaren für reales Geld erstanden werden, bis hin zu den *Gorillaz*, der ersten virtuellen Musikgruppe, deren reine Kunstprodukte einen rasanten CD-Absatz erzeugten.

Der Schritt ist nicht mehr weit zu der Geschichte der Idoru, die uns William Gibson (1997) erzählt: Während einer Konzerttour durch Japan verliebt sich der US-Rockstar Rez von der Band *Lo/Rez* (»Niedrige Bildauflösung«) in die schöne, aber virtuelle Kollegin Rei Toei. Sie ist eine *Idoru*, das ist Japanisch für »Idol«. Wie Kyoko Date und Lara Croft führt sie ein Leben in den Schaltkreisen des Internets. Rez möchte sie unbedingt heiraten. Dazu braucht er aber eine nanotechnologische Software. Darauf hat auch die russische Mafia, der unter dem Namen *Das Kombinat* der russische Staat gehört, ein begehrliches Auge geworfen. Sie heuert einen »Informationsmusterfischer« an, der in den unwahrscheinlichsten Verbindungen der virtuellen Realität, zwischen den Knoten und Info-Bits, noch intuitiv Hinweise entdeckt. In dem sich daraus entspinnenden Katz-und-Maus-Spiel hängt viel von den richtigen Kontakten ab, in der Szene, in der Wirtschaft, in der sekundären Welt: so etwa in der »Verborgenen Stadt«, einer multikulturellen VR-Enklave – heute schon bekannt als Multi-User-Domain. Die *Matrix* lässt grüssen.

In all den hier genannten Fällen erzeugt die Reproduzierbarkeit der Pop-Eliten in der neuen partizipativen Technologie des Internets der zweiten Generation (Stichwort: Web 2.0) auch eine völlig neue Art des Zugriffs von Seiten des Publikums. Die Internetplattform Myspace etwa (www.myspace.com) – Begegnungsort und Marktplatz für die aktuell angesagten Ingredienzien globaler Nomaden – erscheint unter diesem Gesichtspunkt als endgültige technische Realisierung des von Andy Warhol postulierten »15-Minuten-Ruhms für jedermann«:

> »Jeder wird sein eigener Popstar, es gibt kein Oben und kein Unten mehr, alle soziale und geographische Distanz des alten Systems Pop schwindet auf die Entfernung eines Mausklicks in der Einheitszeit des Myspace.«[4]

4 Dirk Peitz: *Wunder der Zeit. Süddeutsche Zeitung*, 17.1.2007.

Ähnliche Entwicklungen lassen sich auch im Spitzensport beobachten. Bedingt durch die zusätzlichen finanziellen Mittel aus Werbung und TV-Rechten, stehen der Trainingswissenschaft und der Ausbildung junger Talente ungeahnte Möglichkeiten offen. Nachwuchsakademien und Leistungszentren sorgen für eine Explosion im Leistungsniveau, das den Profisport etwa von 1980 wie ein gemütliches Pfadfinderlager wirken lässt. Nichts scheint mehr unmöglich – eine Tendenz, die im Bereich der Trainingsintensivierung und der medizinischen Betreuung der Athleten immer gefährlichere Entwicklungen für Körper und Seele der Protagonisten nimmt: Die Doping-Skandale der letzten *Tour de France* sprechen hier eine deutliche Sprache. Jenseits aller vorschnellen moralischen Sauberkeitsappelle sollte jedoch nicht übersehen werden, dass auch und gerade in diesem Bereich die Entwicklung nicht einfach negiert und auf das Niveau von »früher« zurückgeschraubt werden kann. Wir sehen uns Geistern gegenüber, die wir Zauberlehrlinge selbst – durch unsere Sehnsucht nach Heldentum – gerufen haben und die wir nun einfach nicht mehr loswerden.

Gerade im Bereich des Spitzensports zeigen sich jedoch neben all den problematischen Tendenzen auch die rasantesten Entwicklungsschübe im Verhältnis zwischen Führung und Organisation. Die veränderten Rahmenbedingungen erzeugten auch gravierende Umbrüche in den Bereichen Management, Organisation, Personal Coaching und Teamwork. So wie der Politiker nur an der medialen Oberfläche als Einzelkämpfer erscheint, steckt auch hinter dem erfolgreichen Sportler eine komplexe Maschine, gebildet aus einer Schar aus Spezialisten, Technikern und Beratern. Für den Erfolg ist die persönliche Willensstärke des Athleten wohl entscheidend; mindestens ebenso bedeutend dafür scheint aber der ihm zur Seite stehende Sportmediziner, der den Körper des Athleten oft besser kennt als dieser selbst.

Was der Musikbranche ihr *Myspace*, sind dem Sport die Playstations oder Managersimulationen. Hier können sich die Kids von heute virtuell in ihre Helden verwandeln, in die Trikots der Stars schlüpfen bzw. mit diesen ein Team bilden. Und nicht nur das: In Spielen wie *Fußballmanager* üben sie gewissermaßen das harte Geschäft, das hinter dem Erfolg liegt: das Zusammenstellen und Betreuen einer Mannschaft, die Praxis des Managens und den Umgang mit Spielern als entwicklungsfähigen Aktien am Transfermarkt.

Markt

Der Strukturbruch im Ökonomischen lässt sich im Übergang von der sozialen zur globalen Marktwirtschaft ausmachen. Entscheidend dafür ist unter anderem ein Paradigmenwechsel in der politischen Ökonomie der siebziger und achtziger Jahre: Während sich die Wirtschaftspolitik der ersten Jahrzehnte der Nachkriegszeit an der Doktrin des Keynesianismus orientierte, setzte sich zunächst vor allem im angelsächsischen Raum das neoliberale Denken der *Chicagoer Schule* durch, die die nationalökonomischen Rahmenbedingungen der Produktion für die westliche Hemisphäre gründlich reformulierte. Der Spielraum des Staates als größter Investor und Arbeitgeber soll aus dieser Perspektive zu Gunsten des privaten Kapitals weitgehend zurückgedrängt werden.

Das bedeutete vor allem auf dem Gebiet der industriellen Produktion einschneidende Zäsuren. Die nicht nur wirtschafts-, sondern auch und vor allem gesellschaftspolitische Brisanz des Niedergangs der großen Industrien in Westeuropa und Amerika lag nicht zuletzt darin, dass sich die Veränderungen nicht nur auf die Fabrik als rein technisches, sondern auch als soziales Modell erstreckten. Automatisierung der Produktionsprozesse und Abzug der Massenproduktion in »Billiglohnländer« hinterließen eine Lücke im System, die nicht so einfach geschlossen werden konnte, da vor allem im Zuge des »Wirtschaftswunders« und der damit verbundenen wachsenden Prosperität sich in der Arbeiterschaft eine zunehmende Identifikation mit dem eigenen Unternehmen entwickelt hatte, die darauf beruhte, dass Arbeit nicht nur soziale Sicherheit, sondern auch Stabilität und gesellschaftlichen Status verschaffte.

Der Wegfall der großen Industrien als stabile, langfristige Arbeitgeber ließ auch das trotz weiterbestehender Gegensätze weitgehend homogene System der sozialen Marktwirtschaft implodieren. Die einst glorreiche Besatzung der großen Flaggschiffe war – wenn überhaupt – auf Rettungsbooten gelandet und drohte nun im Strudel der unruhigen Meere gänzlich unterzugehen. Eine herausfordernde Situation nicht nur für die Matrosen, sondern auch und vor allem für die Kapitäne.

In diesem Zusammenhang sei auch auf die sich ab den achtziger Jahren abzeichnenden Verschiebungen im Zuge der Globalisierung des Kapitalmarkts verwiesen. Gestützt durch einen unaufhaltsamen Fortschritt der technischen Voraussetzungen, vor allem der Informationstechnologie (IT), erscheint kaum eine Entwicklung unter heutiger Perspektive so prägend und richtungweisend wie die im Zuge neoliberaler ökonomischer Konzepte um sich greifende Internationalisierung der Finanzen, die auch eine völlig neue Dimension der Differenz zwischen Kapital und Arbeit mit sich gebracht hat. Eine Differenz, von der Niklas Luhmann in den achtziger Jahren noch feststellen konnte, sie werde »in ernsthaften Bemühungen um ein Verständnis der modernen Gesellschaft kaum noch benutzt« (1994, S. 152). Die daraus hervorgehenden Risiken und politischen Probleme entstehen nicht zuletzt aufgrund der immer stärkeren Entkoppelung von Real- und Finanzkapital, die eine deutliche Verschiebung der Renditechancen und damit Investitionsbereitschaft in Richtung Finanzmärkte nach sich zog (siehe dazu auch die Überlegungen von Rudolf Wimmer, verdichtet zusammengefasst in Wimmer 2004a).

In dem Moment, wo es über einen längeren Zeitraum hinweg deutlich lukrativer wurde, statt in die nachhaltige Entwicklung eines Unternehmens zu investieren, nach kurzfristigen Ertragschancen auf dem Kapitalmarkt Ausschau zu halten, begann die sich abzeichnende grundlegende Veränderung des Wirtschaftsgeschehens immer stärker Fuß zu fassen. Unter dem Stichwort des Shareholder-Value wurden zunehmend mehr Unternehmen durch ihr Management danach ausgerichtet, den erwirtschafteten Mehrwert ausschließlich nach den Renditeerwartungen der Eigentümer auszurichten. Ganze Unternehmensbereiche wurden abgestoßen, wenn sie nicht unmittelbar den überdurchschnittlichen Renditeerwartungen der Aktionäre gerecht wurden, und die bestehenden Zielfindungs- und Strategieprozesse konsequent in Richtung einer optimalen Steigerung des Unternehmenswertes umgebaut. Eine entsprechende Inzentivierung der Entscheidungsträger durch großzügige Aktienoptionsprogramme ließ das Topmanagement überdurchschnittlich stark an dieser Entwicklung partizipieren bzw. machte es durch die Verknüpfung mit den individuellen Entlohnungsmechanismen zum Treiber dieser Transformation.

Auf Seiten des Finanzkapitals entstand parallel dazu ein eigener Markt für Unternehmen mit der entsprechenden *community of professionals*, die durch die Gestaltung von Unternehmensübernahmen, Ver- und Zukäufen Renditen erwirtschaften konnte, die um ein Vielfaches höher lagen als die des traditionellen Finanzgeschäfts und damit das internationale Investmentbanking zur Königsdisziplin der Banken und Finanzinstitute machten. Angeheizt durch die überdurchschnittlichen Gewinne, setzte eine Dynamik ein, bei der von Privatanlegern bis hin zu institutionellen Fonds mehr und mehr Kapital zur Verfügung gestellt wurde zu dem Zweck, in diesen Kreislauf des schnellen Gewinns eingespeist zu werden. Die dadurch entstandene Spekulationsblase ist zwar durch den spektakulären Zusammenbruch einiger großer Unternehmen (als Stichworte haben sich eingegraben: *Enron* und *Worldcom*, die durch Bilanzmanipulationen der unerbittlichen Logik überdurchschnittlicher Renditeprognosen und -erwartungen zu entkommen suchten) etwas gedämpft worden. Doch auch verschärfte gesetzliche Regelungen zur transparenteren Unternehmensführung (siehe etwa den amerikanischen Sarbanes-Oxley-Akt) sowie die in der Öffentlichkeit einsetzende Debatte zur Good Governance von Unternehmen und entsprechender Werteethik im Management haben nicht verhindert, dass bis heute keine einzige Woche vergeht, in der in der einschlägigen Wirtschaftspresse nicht über Risikoposten dieser Art der Unternehmensführung (etwa kurzfristige Gewinnorientierung, Schwächung der Selbsterneuerungsfähigkeit von Unternehmen, Erosion der Glaubwürdigkeit der Führung, um nur einige wesentliche zu nennen) berichtet wird.

Kann es sein, dass dieses *Funky business* (Ridderstrale u. Nordström 2005) einer radikalen Durchökonomisierung aller gesellschaftlichen Bereiche den letzten noch verbliebenen Eigenwert der Gesellschaft darstellt? Ist die Ideologie der freien Marktwirtschaft nach Auflösung aller traditionellen Bastionen der Stabilität, Kohärenz und Kohäsion der einzig noch verbleibende Fluchtpunkt der hier skizzierten gesellschaftlichen Entwicklung? So verführerisch dieser Gedanke oder – je nach Perspektive – erdrückend die Beweislage auch sein mag: Vorsicht ist angebracht!

Wie bereits ausgeführt, verbauen uns die Widrigkeiten der funktionalen Differenzierung auch hier den Ausweg in ein übergreifend gültiges Gerüst, mit dem der Desintegration der Gesellschaft in einzelne, voneinander unabhängige und sich nicht substituierende Teilbereiche Einhalt geboten werden kann. Was für die bereits beschriebenen traditionellen Domänen der Sicherheit und Ordnung gilt, beginnt, sich auch bezüglich des Marktes als einheitlichen Steuerungsprinzips im Rahmen neoliberaler Wirtschaftskonzepte abzuzeichnen: Erste Haarrisse im Siegeszug werden sichtbar.

Angefangen bei den aktuellen politischen Entwicklungen in Lateinamerika und Osteuropa bis hin zu den Analysen von Wirtschaftswissenschaftlern wie Paul Krugmann (1999), Amartya Sen (2002) oder Joseph E. Stiglitz (2003, 2006): Der Glaube an die ungebrochenen Segnungen des freien Marktes wird zunehmend nachhaltiger erschüttert.

Sicher festhalten lässt sich jedenfalls, dass der technologische »Fortschritt« zu einem der zentralen Treiber für die weitere Beschleunigung der Verhältnisse geworden ist. Die mit dem Internet einhergehende Transparenz der Märkte wird über kurz oder lang zum Sturz der letzten noch verbleibenden Autorität von Experten führen. Was immer an Informationsvorsprung die Vorherrschaft einer Expertenkultur legitimiert hat, findet sich – wenn man nur lange genug sucht, meistens sogar kostenlos – im www. Selbsthilfegruppen, *communities* zum Meinungsaustausch und zur Produkteinschätzung, sowie spezielles Know-how selbst zu so abseitigen Themen wie Bombenbau und Guerillatechniken lassen sich minutenschnell im Netz recherchieren. Dazu kommen auf die eigenen Bedürfnisse zusammengeklickte Newspapers und RSS-Feeds, die gesamte, höchst lebendige Blogger-Szene, eine ganze Generation, die sich zu Befriedigung ihres Wissensdurstes in das (sich selbst generierende und verwaltende) Projekt *Wikipedia* einloggt, statt den altehrwürdigen *Brockhaus* zu bemühen ... Selbst hartgesottene Konservative nehmen da Fahrt auf: Angela Merkels Podcast zu den Schlüsselbegriffen des *CDU*-Wahlprogramms kann als nur ein Beispiel für das manchmal schon verzweifelte Bemühen gehört werden, den *Transrapid* der technischen Entwicklung nicht völlig zu verpassen. Der Kaiser ist nackt – und auch wenn es ihm anscheinend noch ein wenig Mühe macht, dies anzuerkennen: Wer einmal von dieser Freiheit der Informationsgewinnung gekostet hat, geht nicht mehr zurück auf »Los«.

Führung und Gesellschaft – Spielstand

Was lässt sich angesichts dieses ersten Überblicks zur gesellschaftlichen Ausgangslage, auf die Führung trifft, wenn sie über ihre Wirkung nachdenkt, zusammenfassend festhalten? Da ist zunächst die Einsicht, dass der gesellschaftliche Verlust des Zentrums einen Übergang von vertikal-hierarchischer zu horizontal-netzwerkartiger Differenzierung in der Organisationspraxis mit sich bringt. Die alle Bereiche durchdringende Bewegung der Dekonstruktion endet nicht in der absoluten Auflösung, sondern wandelt deren Form von modellhafter Statik in einen dynamischen Prozess um. Während man in der klassischen Gesellschaftsanalyse davon ausgegangen war, dass die bedeutenden sozialen Funktionssysteme Herrschaft produzieren, lässt die hier verfolgte Perspektive den »Überschuss an Möglichkeiten und entsprechende Unbestimmtheit«, kurz: *Zukunft* erkennen (Luhmann 2000, S. 415). An die Stelle von fragloser Gewissheit und blinder Folgebereitschaft tritt ein unaufhörliches Kommunizieren und gegenseitiges Beobachten. Dies ist der einzige rote Faden, der uns noch bleibt. Es ist gerade dieses wechselseitige Beobachten und das damit verbundene Aufeinanderverwiesensein, welches das völlige Auseinanderdriften der gesellschaftlichen Teilsysteme verhindert: In dem Maß, in dem man wechselseitig füreinander Umwelt ist, steigt die Wahrscheinlichkeit, in das jeweilige Kalkül des anderen mit aufgenommen zu werden. Man rechnet miteinander, und das schränkt den Horizont der eigenen Handlungsmöglichkeiten, die immer nur im Selbstgespräch erschlossen werden, auch immer wieder ein. Ohne dass man sich tatsächlich kontrollieren könnte, stellt sich so mit der Zeit ein gemeinsames Driften ein, das gegenseitige Erwartungssicherheit zwar nicht versprechen, aber immerhin andeuten kann. Und doch verlangen der gesellschaftlich produzierte Überschuss an Möglichkeiten und die überall hervorblitzende Kontingenz der Verhältnisse ein halbwegs sicheres Verfahren zur Reduktion dieser Komplexität, da ansonsten das Risiko einer handlungsunfähig machenden Selbstblockade zu einem tatsächlichen Bedrohungspotential wird. Entscheidungen müssen her – und genau an diesem Punkt müssen wir unsere Aufmerksamkeit auf das Thema der Organisation richten: Glaubt man der modernen Systemtheorie, so sind in unserer Gesellschaft Organisationen die einzige Möglichkeit, die (unter anderem auch durch sie) heraufbeschworene Komplexität wieder einzufangen. Sie sind, so nochmals der Soziologe Dirk Baecker (1999, S. 9), das »Feld, in dem Handlungsblockaden zur Handlungsgenerierung genutzt werden können. Was hier nicht entschieden wird, wird nirgendwo entschieden. Und was hier nicht ausprobiert werden kann, hat dann nur die Möglichkeit, im folgenlosen Gespräch unter den Leuten als bloße Möglichkeit beschworen zu werden.«

Bevor wir uns im nächsten Schritt den Konsequenzen dieses modernen Verständnisses von Organisationen nähern (und im darauffolgenden Schritt die Rolle der Führung in diesem Kontext unter die Lupe nehmen), haben wir Dirk Baecker eingeladen, im gemeinsamen Gespräch nochmals die wesentlichen Aspekte der bisherigen Argumentation zusammenzubringen und erste Querverweise zu den noch folgenden Aus-Führungen zu streuen.

Interview mit Prof. Dr. Dirk Baecker

Das Hauptaugenmerk des folgenden Gespräches liegt auf den gesellschaftlichen Rahmenbedingungen von Organisation. In der Bestimmung des unternehmerischen Einsatzes als Produktion von Sinn vollzieht Dirk Baecker eine überraschende und zum Mainstream des »Heuschrecken«-Diskurses querliegende Wendung in Bezug auf die gesellschaftliche Wirkung von Führung. Und in seiner luziden Beschreibung der Transformation von Hierarchie zum Netzwerkmodell zeigt er, inwiefern gesellschaftspolitische Veränderungen auf die Mikrostrukturen von Unternehmen zurückwirken. Zudem deutet er einen Ausblick auf das freie Spiel zwischen Zentrum und Peripherie an, das in naher Zukunft wohl immer stärker den Handlungsrahmen von Führung abgeben wird.

Dirk, in der Öffentlichkeit scheint das Unbehagen gegenüber Managern, Führungskräften und Konzernen erheblich zu wachsen – Stichwort »Heuschrecken«. Wie erklärst du dir das?

Ich denke, dass man die Manager vor solchen Vergleichen in Schutz nehmen muss. Als »Heuschrecken« gelten jene Investoren des freien Kapitalmarkts, vor denen auch die Manager selbst nicht geschützt sind, wenn sich Differenzen zwischen dem Marktwert des Unternehmens auf der einen Seite und vermuteten Reserven oder unausgeschöpften Potentialen auf der anderen Seite ergeben. Trotzdem ist auch das Image des Managements zurzeit nicht das beste. Vermutlich liegt das daran, dass sie für die immer mehr sich öffnende Schere zwischen den wachsenden Unternehmensgewinnen und dem sinkenden Einkommen aus Löhnen und Gehältern mitverantwortlich gemacht werden.

Manager gelten als die Wachhunde der Kosteneffizienz. Warum haben sie solche Probleme, ein Unternehmen nicht nur abzuwickeln, sondern auch zu entwickeln?

Man sollte zunächst zwischen Unternehmertum und Management unterscheiden. Das Unternehmertum eines Ingenieurs, eines Chemikers, eines Juristen, eines Arztes ist eine Sache, die vor allem darin besteht, eine interessante und lebensfähige Produktidee zu entwickeln. Die betriebswirtschaftliche Kompetenz des Managements hingegen kommt erst dann zum Zug, wenn die Produktidee schon da ist. Sie besteht dann darin, Mittel und Zwecke in der Tat kosteneffizient miteinander abzustimmen und an wechselnde Marktlagen anzupassen.

Hinterlässt die »Abwertung« des Managements nicht gleichzeitig eine gesteigerte Nachfrage nach Führung, nach einer Instanz, die ein klares Ziel vorgibt?

Ich denke, dass Führung genau dort gefordert ist, wo das Management mit Blick auf den Markt zu schnell bereit ist, die Zwecke auszutauschen oder es mit anderen Mitteln zu versuchen. Führung stattet die Zielsetzung eines Unternehmens, also seine Produktidee, mit einer zusätzlichen und für den Manager eigentlich überflüssigen Sinnkomponente aus, die es unmöglich macht, allzu schnelle Kehrtwenden zu vollziehen. Man kann das Sinnvolle nicht so schnell hinter sich lassen wie das Ineffiziente. Führung arbeitet daher an den viel schwierigeren Aufgaben, den Sinn des Unternehmens, seine Produktidee, den wechselnden Marktlagen anzupassen – und kann in dieser Hinsicht durchaus auch die Option vertreten, den Wandel des Marktes lieber auszusitzen und auf eine Besserung zu Gunsten des Unternehmens zu warten, als jedes Auf und Ab gleich mitzuvollziehen. Führung hat in dieser Hinsicht eine für soziale Systeme aller Art sehr wichtige Verzögerungsfunktion, die die nötige Zeit dafür gibt, einen hinreichenden Blick für die Lage und die eigenen Möglichkeiten zu entwickeln.

Braucht man Führung nicht auch dazu, den Blick auf die eher globalen Zusammenhänge zu richten und ein Verständnis für Entwicklungen zu fördern, die über die lokalen Gegebenheiten hinausgehen?

Mir scheint, dass man Führung vor allem dazu braucht, Entscheidungen zu treffen, es nach wie vor unternehmerisch – mit Investitionen in Produktionsanlagen – zu versuchen und das Kapital nicht von vornherein auf dem Kapitalmarkt anzulegen. Führung und Unternehmertum sind eben nicht auf das bloß ökonomische und deswegen natürlich nicht weniger sinnvolle Kalkül zu reduzieren, sondern sie haben etwas mit Perspektive, mit Engagement, mit einer noch nicht ausgeschöpften Idee, vielleicht sogar mit der Lust an der Schaffung und Erhaltung von Arbeit zu tun. Man spricht heute zuweilen von *social entrepreneurs*, um Unternehmer zu beschreiben, denen ihre gesellschaftliche Wirkung wichtiger ist als die Aussicht auf Gewinne. Ich glaube, dass jeder Unternehmer in diesem Sinne ein *social entrepreneur* ist. Gewinne sind nur dazu da, den eigenen Erfolg zu belegen und den längerfristigen Erhalt des Unternehmens sicherzustellen.

Du würdest also durchaus sagen, dass das ökonomische Kalkül Teil der Idee ist, Herr im eigenen Hause zu sein?

Ja, natürlich, der Unternehmer muss rechnen können, um den Erhalt seines Unternehmens zu sichern. Der Witz ist bloß, dass man seine Tätigkeit nicht auf das Rechnen reduzieren kann. Er braucht Erfindungsgabe, Problembewusstsein, Marktgefühl, Geschick im Umgang mit Leuten, Sinn für Netzwerke – und nicht zuletzt eine ausgeprägte Fähigkeit, mit dem Wachsen oder auch Schrumpfen seines eigenen Unternehmens fertigzuwerden. Wie viele aussichtsreiche Unternehmen scheitern daran, dass sie ab einer bestimmten Größe nicht mehr so spontan funktionieren, wie sich das der Unternehmer vielleicht wünscht!

Gibt es da nicht eine grundsätzliche Lücke zwischen einer unternehmerischen Idee und ihrer ökonomischen Umsetzung?

Deswegen hat Joseph Alois Schumpeter davon gesprochen, dass der Unternehmer in einem bestimmten Sinne »verrückt« sein muss. Er springt aus den bereits laufenden Kalkülen des Marktes hinaus, indem er dort eine Marktlücke sieht, wo allen anderen nichts fehlt, und muss anschließend die Nachfrage für ein Produkt sicherstellen, von dem vorher niemand wusste, wozu es zu gebrauchen ist. Der Unternehmer transzendiert die gegebenen Verhältnisse und kommt auf die ganz unwahrscheinliche Idee, diese Verhältnisse in seinem Sinne verändern zu können.

Andererseits gilt der Unternehmer als jemand, der an der Spitze einer Hierarchie steht und einem kleinen oder großen Unternehmen Vorgaben machen kann, deren Sinn und Zweck nicht unbedingt von allen Mitarbeitern eingesehen werden müssen. Hat sich diese Idee der Hierarchie in komplexen Marktumwelten, die nur bearbeitet werden können, wenn die Intelligenz jeden einzelnen Mitarbeiters gefragt ist, nicht überlebt?

Ja, das würde ich auch so sehen. Aber der Dreh liegt ja nach wie vor darin, dass diese Intelligenz aller Mitarbeiter nur genutzt werden und von ihnen auch nur entwickelt und eingesetzt werden kann, wenn es einen Sinn für eine Richtung gibt, die nötige Zeit, damit man reagieren kann, und die Unternehmenskultur, die zwischen den Mitarbeitern jenes Gespräch fördert, das jeden einzelnen von ihnen auf gute Ideen bringt. Für diese Richtung, diese Zeit und diese Kultur muss sich die Führung verantwortlich fühlen. Vielleicht ist dies zumindest nach innen (nach außen hat sie ja die Funktion der Adresse für Kapitalmarktzuschreibungen) sogar die einzige, in jedem Fall aber die wichtigste Aufgabe der Führung, in die auch der Unternehmer hineinschlüpfen muss, sobald seine Produktidee darauf angewiesen ist, vom ganzen Unternehmen umgesetzt zu werden.

Wie ist denn Führung in Netzwerken denkbar?

Die Funktion von vertikalen Hierarchien liegt nach wie vor darin herauszufinden, welche Projekte von welchen Arbeitsbereichen oder Geschäftsführungseinheiten noch profitabel sind – und welche nicht. Man muss diesen Bereichen eine Möglichkeit geben, ihre Chancen selbst zu sehen; man braucht aber auch eine Spitze, die im rechten Moment sagen kann: »Ihr habt zwei Jahre lang euren Markt gesucht und nicht gefunden; ein drittes Jahr können wir nicht finanzieren«, weil ein solches Projekt von sich aus nicht zu einem Ende kommen würde. Die Geschäftsführung muss Schlussstriche ziehen und aus Projekten aussteigen können, die personell und sachlich mehr Begeisterung hervorrufen, als ökonomisch gerechtfertigt ist.

Viel schwieriger ist die Frage nach der Funktion von Führung in Netzwerken. Denn diese organisieren sich im unternehmerischen Feld nach der Zentrum-Peripherie-Unterscheidung. Im Zentrum werden die Ressourcen verwaltet, um die die Peripherie konkurriert, wobei die Organisationskriterien nicht unbedingt klar sind. Im Gegensatz zur vertikalen Hierarchie spielen in Netzwerken diffuse Unterschiede, etwa in Bezug auf Personen, die man für bestimmte Projekte heranholen könnte, oder Kriterien des Spielens mit Technologien eine viel größere Rolle. Das hat Vor- und Nachteile. Ein Vorteil liegt darin, dass die Peripherie nicht genau weiß, worum sie konkurriert. Deshalb kann sie auch viel mehr ausprobieren. Allerdings weiß der, der scheitert, auch nicht, warum, und das ist ein Nachteil. Das erzeugt in den Leuten diffuse Hypothesen in Bezug auf das Gelingen und Scheitern: »Ich habe ein Stichwort verpasst und bin raus aus dem Spiel.« – »Ich habe auf der Party das richtige Stichwort in der Begründung meines Projektes fallenlassen.« – »Es war Glück, es hat auch was mit meiner Kompetenz zu tun, hätte aber auch jeden anderen treffen können.«

Solche Mutmaßungen sind unseren turbulenten Umwelten extrem angemessen, aber gleichzeitig auch schwierig für alle Beteiligten, weil sich daraus sowohl Führung als auch Nichtführung ableiten lässt. Die Leute wissen, dass andernorts über sie entschieden wird, aber nicht, nach welchen Kriterien dies geschieht.

Was wäre dann aus Sicht der Führung die Funktion von Führung in solchen Netzwerken?

Die bestünde schlicht darin, sich im Zentrum zu halten und zu signalisieren, dass man in der Lage ist, jedes andere Zentrum auszuschalten. Denn Netzwerke operieren dauernd mit der Gefahr, dass sich Subzentren bilden und zum Hauptzentrum mutieren.

Und wie kann Führung sicherstellen, dass im Zweifel genügend Autoritätsressourcen vorhanden sind, damit noch eingegriffen werden kann?

Autorität besteht ja nach einem schönen Wort von Niklas Luhmann darin, dass man in der Lage ist, Rückfragen zu entmutigen: Man beruft sich auf seine Autorität – und der andere verstummt. Das ist auch in Netzwerken häufig anzutreffen, aber natürlich ein extrem starker Mechanismus der Blockade des Flusses von Information. Aber das ist keine Antwort auf die Frage. Sicherstellen kann Führung dies nicht – mehr. Das macht Führung ja zu einem riskanten Geschäft. Es geht hierbei vielmehr darum, immer wieder Anlauf zu nehmen, die eigenen Entscheidungen als legitim zu kennzeichnen. Und dies geschieht in der Regel nicht durch Entmutigung, sondern durch Ermutigung: In dem Moment, wo Führung zum Widerspruch ermutigt, stärkt sie ihre eigene Legitimation und investiert damit in ihre *credibility* für die hoffentlich seltenen Momente, bei denen sie keinen Widerspruch dulden darf.

Was passiert, wenn die Führung so weit von der Peripherie entfernt ist, dass sie sozusagen im Blindflug entscheiden muss? Woher nimmt die zentrale Instanz die Einsicht in die Angemessenheit ihrer Kriterien?

Nirgendwoher. Durch die Vorgaben des Kapitalmarkts inklusive des Shareholder-Value-Modells wird eben nicht eine eindeutige Bestimmtheit in das Unternehmen verpflanzt, sondern eine produktive Unbestimmtheit. Denn vorgegeben wird nur die Höhe des Ziels, nicht aber der Weg dorthin. Diese Unbestimmtheit setzt erst die notwendigen Interpretationsmöglichkeiten und -zwänge in den Geschäftsbereichen frei. Das ist Führung zur Selbstführung, im striktesten Wortsinn.

Nochmals die Frage: Wie könnte eine »Führung zur Selbstführung« angesichts dieser neuen Unbestimmtheit in Netzwerken aussehen?

Die Netzwerkführung löst im Vergleich zu vertikalen Hierarchien noch einmal einen ganz andersartigen Schwung im Hinblick auf sachliche und personale Unbestimmtheit aus. Im Netzwerk wird immer versucht herauszufinden, worum es dem Zentrum geht – im Unterschied zur Holding. Diese ist eine rein ökonomische Einrichtung. Das Netzwerkzentrum dagegen ist immer auch kulturell und sozial aufgestellt, d. h., es vermag ein Geschäftsmodell des gesamten Netzwerkes zu denken, mit Blick auf kulturelle Sensibilitäten, politische Möglichkeiten, wirtschaftliche Chancen und technologische Entwicklungen. Dieses Mehr an Faktoren bedingt auch größere Spielräume, was die Wahrnehmung der eigenen Determination durch ebendiese Faktoren betrifft.

Das hört sich kompliziert an. Könntest du uns das an einem Beispiel erläutern?

Eine paradigmatische Beschreibung solcher Netzwerke und ihrer Führung hat ein Soziologe namens Robert Faulkner in seinem Buch *Music on Demand* (1982) in einer Untersuchung der Aufstellung von Komponisten in der Hollywood-Filmindustrie geleistet. Da gibt es ein, zwei, drei Leute im Zentrum, die nur eine einzige Entscheidung treffen: Welcher Komponist ist bei welchem Filmprojekt dabei? Die Filmkomponisten an der Peripherie konkurrieren nun um die Frage, was sie in eine solche Position bringen könnte. Die einzige Brücke zwischen dem Herumrätseln an der Peripherie und den erratischen, im Grunde intuitionsbasierten Entscheidungen des Zentrums bilden

Mentoren. Diese versuchen, sich in den Augen des Zentrums zu bewähren, indem es ihnen gelingt, interessante Youngster zu finden. So strukturiert sich auf eine sehr sensible und zugleich stressige Weise ein Feld, in dem jeden Tag neu entschieden wird, welche Musik für welche Filme und für welches Publikum aussichtsreich ist. Das ist ein Stresssystem ersten Ranges, mit Fühlern nach allen Seiten, das trotzdem eine klare Struktur aufweist. Die Mafia ist übrigens genauso aufgebaut.

Führung lässt sich hier auf eine einzige Funktion reduzieren: das Setzen von unklaren Signalen, die es attraktiv erscheinen lassen, im Spiel zu bleiben. Führung besteht darin, die Eigenmotivation der Beteiligten anzuregen. Die eigenen unklaren Absichten verbinden sich mit den eigenen unklaren Zukünften, und die Ressourcen sind dabei das Zünglein an der Waage. Sie verteilen die Chancen mit dem Blick darauf, was eigentlich niemand einschätzen kann, nämlich welches Kundensegment wie reagiert.

Und kann man ein solches Modell auf ein Unternehmen übertragen?

In Unternehmen lässt sich eine solche Netzwerkstruktur nur gegen die vertikale Hierarchie installieren. In einigen Unternehmen existieren solche Strukturen ja bereits. Ob es gelingt, über Projekte, Teams und informelle Wissensstrukturen Karrieren zu ermöglichen, die an den vertikalen Hierarchien vorbeikommen, ist eine offene, empirisch spannende Frage.

Wer könnte in einem Unternehmen die Rolle eines solchen Mentors übernehmen?

Das kann jemand in der Personalabteilung sein oder jemand, der über bestimmte Technologien verfügt und danach Ausschau hält, wer diese für bestimmte Projekte fruchtbar einsetzen kann; oder aber jemand, der schwarze Kassen verwaltet, die es natürlich nicht gibt ... das ist durch formale, hierarchisch aufgefangene Kriterien nicht anzugeben. Das sind Leute, die man kennen muss, wenn man in diesem Unternehmen etwas werden will. Das kann sogar eine Chefsekretärin sein, die die unangenehmen Eigenschaften ihres Chefs kennt und dafür sorgt, dass der Laden trotzdem läuft.

Es muss diese Funktion geben, und man kann sie mit soziologischen Forschungsmethoden gemischt quantitativ-qualitativer Art auch herausfinden. Jeder gute Manager weiß allerdings aus Erfahrung, um wen es sich handelt, und damit kann er auch spielen bzw. verhindern, dass damit gespielt wird.

Dirk, machst du einen Unterschied zwischen Management und Führung?

Ja, vor allem in Hinblick auf ökonomische Fragen. Das Management ist die Instanz, die die ökonomische Keule in einem Unternehmen schwingt, das andererseits ja nicht bloß eine ökonomische, sondern auch eine soziale Einrichtung ist. Führung muss sich nicht zuletzt mit den gesellschaftlichen Rücksichten und Möglichkeiten befassen. Sie muss die Produkte ebenso wie den Zugriff auf die Arbeitskraft auch außerhalb des Unternehmens legitimieren und klarmachen, dass im Unternehmen eine interessante und gesellschaftlich relevante Option wahrgenommen wird.

In der Regel laufen diese beiden Kompetenzen oder besser Funktionen in einer Person zusammen. Wie kann denn diese damit klarkommen?

Sie tut oft beides, ohne genau zu wissen, wie es unterschieden wird. Unternehmen setzen sich ja nicht nur aus den psychischen Kompetenzen ihrer Führungskräfte, Manager und Mitarbeiter zusammen, sondern sind soziale Systeme, in denen ein spezifisches Wissen unabhängig von den einzelnen Akteuren existiert.

Ein sensibler Manager ist in der Lage, im Umgang mit Mitarbeitern, mit Fragen der Gestaltung von Produktionsprozessen und mit Kapitalgebern herauszufinden, worum es im Einzelfall geht: a) um die Begründung ökonomischer Entscheidungen, b) um das Treffen solcher Entscheidungen oder c) um Sensibilitäten mit Blick auf die kritische Öffentlichkeit, Familienschwierigkeiten von Mitarbeitern, die im Schichtdienst arbeiten, usw. Dementsprechend wird er unterschiedliche Argumentationsmuster entwickeln.

Der schlechteste Fall eines Managers wäre jemand, der immer nur sagt: »... aber es rentiert sich.« Ein guter Manager weiß, wann er diese Argumentationsebene verlassen und alternative Legitimationsmuster mobilisieren muss, die etwas mit gesellschaftlichen Sensibilitäten zu tun haben.

Der good guy und der bad guy stecken also in ein und derselben Person?

Ja, allerdings mit verteilten Rollen. Der ökonomisch denkende Manager ist der *bad guy*, wenn er sagt, dass die Rendite nicht ausreicht; und er ist der *good guy*, wenn er verkündet: »Hier produzieren wir zwar Umweltschmutz ohne Ende, aber es lohnt sich.« Dasselbe gilt für auch für die Führungskraft.

Aber wie kann jemand, der diese beiden Funktionen in sich vereint, glaubwürdig auftreten?

Ganz einfach: indem er in der Lage ist, das ökonomische Prinzip gesellschaftlich zu moderieren. Das Verhältnis von Management und Führung im einzelnen Unternehmen ist analog zum Verhältnis von Wirtschaft und Politik in einer Gesellschaft. Das Interesse der Wirtschaft besteht darin, jedes einzelne Unterfangen so zu beschleunigen, dass sich die Chance auf Gewinne möglichst maximiert. Die Politik wiederum möchte die für eine solche Anstrengung notwendigen Umstellungsprozesse so verlangsamen, dass sie für die Mitarbeiter und Kapitalgeber nachvollziehbar bleiben. Plakativ gesagt: Management beschleunigt, Führung bremst. Die Kunst liegt darin, eine Balance zwischen der sozialen und der ökonomischen Realität eines Unternehmens herzustellen und das eine nicht zu Ungunsten des anderen zu behandeln.

Trotzdem würdest du Willkür als authentischen Bestandteil von Führung ansehen?

Ohne Willkür keine Führung. Sie führt das Moment der Willkür nicht nur ein, sondern zeigt, wie man damit fruchtbar arbeiten kann. »Wir sind die Herren unseres eigenen Geschehens« – das ist die zentrale Botschaft jeder Führung, die anschließend in die Pflege von Konventionen oder das Wahrnehmen von Sachzwängen eingearbeitet und in eine praktische Entscheidung umgesetzt wird.

Heißt das mit anderen Worten, dass Willkür zwar praktiziert, aber niemals als solche deklariert wird?

Genau. Sie darf nicht als willkürliche Zufallsentscheidung, sondern muss als Spielraum für die Entwicklung eigener Potentiale wahrgenommen werden.

Daraus leitet sich dann wohl auch ab, dass Führung & Management nicht zu trennen sind ...

Genau. Es muss immer klar sein, dass die Aspekte zusammenspielen. Ein Mitarbeiter muss in der Lage sein, das als Rollenspiel zu interpretieren, das er im Grunde mitspielen muss, damit es funktioniert.

Dirk, eine letzte Frage: Welches sind aus deiner Sicht gegenwärtig die größten Missverständnisse bezüglich Führung?

Ein Missverständnis, das ich auf allen Seiten orte, ist die Sehnsucht nach Autorität. Mitarbeiter sehnen sich danach, geführt zu werden, und Topmanager reden davon, dass der alte Respekt vor Autorität verlorengegangen und auch niemand mehr in der Lage sei, Autorität auszuüben. Das unterschlägt, was in den letzten 40, 50 Jahren gerade hierzulande an Autoritätskritik geleistet wurde. Ein solches Sehnen ist meiner Ansicht nach das größte Desaster der mittlerweile über 60-jährigen Geschichte der Bundesrepublik. Durch das Desaster der Autorität im »Dritten Reich« und die vor allem in den 1960ern durch die Kritische Theorie der Frankfurter Schule etwa von Theodor Adorno, Max Horkheimer und Herbert Marcuse gelieferte Autoritätskritik sollten wir eigentlich längst einen anderen Begriff von Autorität entwickelt haben. Niklas Luhmann hat die Funktion von Autorität auf den Punkt gebracht, indem er sie entlarvt hat als Funktion, Nachfragen zu entmutigen. Das habe ich ja schon zitiert. Egal, ob Führungskraft, Elternteil oder Politiker: Wer als Autorität auftritt, signalisiert: »Ich weiß, was ich sage, und frag besser gar nicht nach, sonst würdest du nur erfahren, dass ich etwas weiß, was du nicht weißt.«

Das Ausmaß an Infantilisierung unserer Organisationen lässt sich durch nichts besser beschreiben als durch diese Autoritätssehnsucht. Wir sind immer noch nicht erwachsen, sondern suchen nach Leuten, die wir für das Schicksal verantwortlich machen können, das wir erleiden und selbst hervorbringen.

Lass es mich an der merkwürdigen Begrifflichkeit in Bezug auf die Arbeit noch verdeutlichen: Jene, die Arbeit einkaufen, nennen sich Arbeitgeber, während die, die ihre Arbeitskraft verkaufen, sich als Arbeitnehmer bezeichnen. In dem Moment, in dem ich in einem Unternehmen zu arbeiten beginne, denke und empfinde ich in genau eine Richtung: Ich bin abhängig von dem, der mir Geld gibt, und nicht umgekehrt. Ich verdränge buchstäblich, dass der, der mir Arbeit gibt, wiederum von meiner Arbeit abhängig ist, damit überhaupt irgendetwas zustande kommt. Damit bringen wir uns an einer entscheidenden Stelle um das Erwachsensein und infantilisieren uns selbst.

Aber gibt es mittlerweile nicht schon Führungskräfte und Experten, die die Reziprozität dieses Abhängigkeitsverhältnisses sehr wohl erkannt haben?

Ja, das stimmt, und man kann nur hoffen, dass sich das weiterhin entwickelt.

Das bringt mich jetzt doch noch zu einer weiteren Frage. Eine deiner Thesen lautet ja, dass das Topmanagement die hohen Gehaltszahlungen nur dadurch erzielt, dass es den Unternehmen vermitteln kann, wie sehr diese von ihnen abhängig sind. Beschreibst du hier nicht einen eigenen Markt?

Ja. Erwachsen ist man, wenn man die Abhängigkeit als wechselseitige denken kann. Denn was nützt mir meine Kompetenz, und sei sie auch noch so einzigartig, wenn sie von keinem Unternehmen an entscheidender Stelle eingesetzt wird? Erst in einem solchen Fall befindet man sich miteinander auf Augenhöhe. Das markiert den notwendigen Moment des Unbestimmten, der in dem Augenblick einsetzt, in dem ein Unternehmen seinen Mitarbeiterstamm eingekauft hat und sich anschickt, Produkte zu entwickeln, Verfahren auszuprobieren und Märkte zu finden.

Genau dahin verschiebt sich auch die Aufgabe von Strategieentwicklung und Führung: fruchtbare Unbestimmtheitspotentiale so zu setzen, dass man nicht die Kontrolle darüber verliert, was daraus entsteht.

Dirk, danke für das spannende Gespräch!

3. Am Spielfeld: Organisation

Bevor wir uns der Entwicklungsgeschichte und dem gegenwärtigen Zustand von Organisationen zuwenden, wollen wir gleich zu Beginn des Kapitels nochmals auf den zentralen Sachverhalt hinweisen, der unser Interesse ausgerechnet auf die Beschäftigung mit dieser spezifischen gesellschaftlichen Form rechtfertigt. Bereits zu Beginn hatten wir ja angedeutet, dass in den »nichtorganisierten« Zuständen unserer Gesellschaft möglicherweise Impulse, Ideen, Visionen, Kontakte und Rahmenbedingungen für große oder kleine, umwälzende oder wirkungslose Projekte entstehen. Wir hatten die Behauptung aufgestellt, dass über die konkrete Umsetzung dieser Projekte aber erst dann verhandelt werden kann, wenn sich eine Form herausgebildet hat, die Entscheidungen ermöglicht.

Mit anderen Worten: keine moderne Gesellschaft ohne Organisation(en); und keine Organisation(en) ohne moderne Gesellschaft. Die zentrale Bedeutung von Organisation für Gesellschaft ist eine unmittelbare Folge der im ersten Kapitel bereits erläuterten funktionalen Differenzierung im Verlauf der Moderne. Wo immer sich die Gesellschaft in ihren Subsystemen vom Zentrum löst, verselbstständigt und auf ein bestimmtes Problem spezialisiert, entsteht Organisation. Diese ist nicht die Lösung des Problems, sondern zunächst die möglichst exakte Formulierung eines solchen als Frage. Die Organisation schafft also zunächst einmal die Probleme, die sie im Anschluss daran bearbeitet – indem sie eine exakte Grenze um das (Spiel-)Feld zieht, zu dessen Bearbeitung sie angetreten ist.

Ein Bild mag diesen Gedanken erläutern und die damit einhergehenden Prozesse verdeutlichen. Wir versetzen uns dazu in die Lage eines Beobachters, der die Entstehung des Fußballspiels (so wie wir es kennen) nachvollzieht. Es ist unsinnig anzunehmen, dass zu irgendeinem Zeitpunkt Menschen auf ein klar abgegrenztes Feld gestoßen sind und daraufhin beschlossen haben, auf genau diesem fortan einem Lederball nachzujagen. Aller Wahrscheinlichkeit nach war es genau umgekehrt: Die wilde, regellose, in alle Himmelsrichtungen auseinanderstrebende Jagd nach dem Ball hat irgendwann das Bedürfnis erzeugt, die Fläche einzugrenzen, das Feld auf sinnvolle Dimensionen abzustecken. Erst durch diesen Schritt konnte sich ein regelmäßiges Spiel mit klaren Grenzen formen.

Analog dazu lässt sich die allgemeine Entwicklung von Organisationen beschreiben: Sie entstehen aufgrund einer sorgfältigen Begrenzung des Aktionsradius, sowohl räumlich als auch zeitlich. Was wiederum nicht bedeutet, dass damit die Sache schon erledigt ist. Im Gegenteil: An genau dieser Stelle fängt das Spiel erst an, beginnen die Probleme, sich zu entfalten.

Die Eigendynamik der Organisation hat eine innere und eine äußere Komponente. Innen wächst sie bzw. verändert sie sich durch die Art und Weise, wie sie an ihren spezifischen Problemstellungen arbeitet. Immer dort, wo sie an Blockaden stößt, wird sie nicht umhinkommen, diese in Fragestellungen umzuwandeln, die eine Bearbeitung ermöglichen. Sei es in Form einer Forschungsgruppe, einer Unterorganisation oder einer anderen Form der Neustrukturierung. Darüber hinaus sieht sich eine Organisation im Rahmen des gesellschaftlichen Gesamtzusammenhangs immer mit Fragestellungen, Bedürfnissen und Anforderungen konfrontiert, die von außen an sie herangetragen werden. Auch darauf wird sie in adäquater Form zu reagieren versuchen, sei es durch Neupositionierung oder aber durch Erklärung der Unzuständigkeit.

Wir sehen also: Organisationen schließen sich der Form nach ab, stehen aber niemals still. Sie müssen sich abgrenzen, um überhaupt sinnvolle Fragen und damit Problemlösungsformen zu erzeugen – salopp formuliert: »Wer für alles offen ist, ist nicht ganz dicht.« Sie dürfen dabei aber auch den Anschluss an ihre Umwelt nicht verlieren. Hierbei steht zumindest mittelfristig die eigene Existenz auf dem Spiel. Wie aber lässt sich diese permanente doppelte Herausforderung in eine Form bringen, die dafür sorgt, dass in der synchronen Beschäftigung mit Innen und Außen die eigene Balance nicht verlorengeht? Wann müssen Prozesse der Stabilisierung, der Fokussierung auf eigene Fähigkeiten und Fertigkeiten in Anschlag gebracht, die eingespielten Routinen zur Leistungserbringung und Problemlösung vor den Zumutungen einer Veränderung geschützt werden? Und wann gilt es, für Irritationen zu sorgen, die der Tendenz zur Schwerhörigkeit, ja zum Autismus entgegenlaufen und für überlebenswichtige Impulse aus den überlebensrelevanten Umwelten sorgen – etwa den Märkten für die eigenen Produkte?

Schon hier der Verweis auf den Fortgang unserer Argumentation: An genau diesem neuralgischen Punkt der Organisation, d. h. an der

Frage fortgesetzten Überlebens, taucht das zentrale Motiv dieses Buches auf: Führung. Hier stecken – so unsere These – im Kern alle Fragen einer umfassenden Positionierung und Ausrichtung der Organisation nach innen wie nach außen.

Doch zunächst müssen wir uns der Frage stellen, warum sich die hier knapp skizzierten Zusammenhänge vor dem Hintergrund der funktionalen Differenzierung von Gesellschaft als so problematisch darstellen. Um ein Bild für die diesbezüglichen Schwierigkeiten von und Anforderungen an Führung zu erhalten, wollen wir uns auch hier vergegenwärtigen, welche dramatischen Veränderungen sich auf der Ebene der Organisationen im Lauf des letzten Jahrhunderts ereignet haben. Denn was wir im Zusammenhang mit Gesellschaft als »Verlust des Zentrums« bezeichnet haben, lässt sich in Bezug auf die Organisationen dieser Gesellschaft am besten mit den Schlagworten »Komplexität« oder »Verflüssigung« (Bauman 2003) beschreiben. Den Katzenjammer über die wachsende Unsicherheit bezüglich einer soliden, linearen Steuerung dieser Organisationen nehmen wir als Startpunkt für die Reflexion der veränderten Bedingungen von Führung in Organisationen.

Was also bedeutet der Zuwachs an organisationaler Komplexität? Wo nimmt diese Entwicklung ihren Ausgang? Und, bezogen auf den Wirtschaftskontext: Wie haben sich im »klassischen Zeitalter« die Unternehmen und Produktionsmodelle strukturiert und organisiert? Ein kurzer Blick auf die Geschichte der Vorstellungen und Denkmodelle von Organisationen soll uns zu einem besseren Verständnis der führungsrelevanten Problemstellungen leiten.

Von der Beherrschung zur Bearbeitung

Der zentrale Punkt für die maßgeblichen Veränderungen in puncto Organisation stellt der mittlerweile oft genug beschriebene (und leider außerhalb des soziologischen Diskurses nicht sehr intensiv rezipierte) Übergang von der Form der rationalen Organisation in die Ära der postrationalen Komplexität dar. Die explosionsartigen Entwicklungen der industriellen Revolution hatten gänzlich neue Formen der Massenproduktion erzeugt, deren Einschnitte in die Arbeitsorganisation um die Wende zum 20. Jahrhundert sukzessive die Aufmerksamkeit der Soziologie und der Wirtschaftswissenschaft auf sich zogen. In gewisser Weise markierte diese Entwicklung eine nachhaltige Spaltung in der wissenschaftlichen Disziplin der Soziologie; denn im Zusammenhang mit der exakten Erforschung der Arbeitsabläufe, wie sie etwa der Ingenieur Frederick Winslow Taylor in seinen Untersuchungen vornahm, entstand eine Form der Beschäftigung mit Arbeit, die sich von der Erforschung der konkreten sozialen Umstände abwandte. Man kann in diesem Zusammenhang auch von der Geburt der Organisationswissenschaften sprechen. Auf der Basis der Untersuchungen Taylors entwickelte sich eine völlig neue, praktische Form der Arbeitsorganisation: die Zerlegung des Arbeitsprozesses in exakte, zeitlich optimierte Einzelschritte. Dies war verbunden mit der einschneidenden Erfahrung der Trennung des einzelnen Arbeiters vom Gesamtprodukt auf der einen und einer enormen Tendenz zur Spezialisierung auf der anderen Seite. Der solchermaßen umstrukturierte Rahmen gab über eine längere Zeit die optimale Struktur der Massenproduktion für einen homogenen, in seinen Bedürfnissen weitgehend stabilen Markt ab.

Im Taylorismus war Organisation gleichbedeutend mit Hierarchie. Entschieden wurde oben, gearbeitet und zugeliefert unten. Konsequenterweise war Kommunikation in diesem System gleichbedeutend mit Befehlsausgabe. Widerrede von Seiten unterer Ebenen war gleichbedeutend mit Streik oder Revolte. Wie hätte in der totalen Entfremdung gegenüber dem Inhalt der eigenen Arbeit auch ein Dialog über mögliche Verbesserungen oder Weiterentwicklungen entstehen sollen?

Der Niedergang dieser tayloristischen Arbeitsorganisation findet seinen Anstoß nicht zuletzt in den bereits beschriebenen gesellschaftlichen Erosionsprozessen. Die Kritik am rationalen Organisationsmodell liegt aber in gewisser Weise auch in ihrer inneren Dynamik der radikalen Spezialisierung auf allen Ebenen der Produktion: An der Peripherie (bzw. dem *shop floor*) wurde ein immer detaillierteres technisches Wissen aufgebaut – und damit entstand auch die Basis für eine zunehmende Abhängigkeit des Zentrums (bzw. der Spitze) von der spezifischen Kompetenz der jeweiligen Stellen. Rudolf Wimmer bezeichnet diese Tendenz als »verstärkte Dezentralisierung von Intelligenz« (2004a, S. 79).

Welche konkreten Folgen zeitigte bzw. zeitigt die diagnostizierte »Zunahme von Eigenkomplexität« auf der Ebene der organisationalen Bearbeitung, sprich: des Managements solcher Prozesse? Das Paradigma der rationalen Organisation der Produktionsprozesse hatte auf dieser Ebene eine Art Phantasma produziert, dessen Dekonstruktion alsbald eine klaffende Lücke im Selbstverständnis von Führungskräften hinterlassen sollte: nämlich jenes der technischen und organisationalen Beherrschbarkeit sämtlicher Abläufe und Entwicklungen. Dahinter kam eine weitere zentrale Fiktion im (Selbst-)Bild von Führung zum Vorschein, das ebenfalls unfreiwillig Federn lassen musste: dass »an der Spitze stehen« gleichbedeutend wäre mit »alles kontrollieren müssen«. Von außen betrachtet, ist schnell einzusehen, dass ein permanentes Agieren auf Basis solcher Allmachtsfantasien schon bald in eine totale Isolation laufen musste. Der Übergang von linear-rationalen zu komplexen, dezentralen Strukturen zog damit konsequenterweise auch einen Paradigmenwechsel im organisationalen Führungsverhalten nach sich: An die Stelle des »Beherrschens« von Problemen tritt zunehmend stärker die Strategie eines »Bearbeitens« im sich radikal verändernden Kontext von Organisation.

Von der Rationalität zur Komplexität

Die elementaren Grundzüge dieser Veränderungen samt den Ansätzen (system)theoretischer Formulierungsversuche seien im Folgenden kurz beschrieben. Beginnen wir mit einer groben Bestimmung in Bezug auf die Veränderungen in der Grundausrichtung organisationalen Operierens: Hier fällt zunächst auf, dass sich der Schwerpunkt von der Produktion sukzessive hin zur Orientierung an den Bedürfnissen des Marktes bzw. der Kunden verlagert. Im klassischen Modell war man damit beschäftigt, die Produktion auf Effizienz zu optimieren – der Markt diente lediglich zur reibungslosen Über- bzw. Abnahme strikt standardisierter Ware. Die Ausdifferenzierung der Kundenbedürfnisse erzeugte die Notwendigkeit einer genaueren Auseinandersetzung mit der »anderen Seite« der Produktivität: dem Konsumenten. Auf die Gesamtgestalt bzw. -gestaltung von Arbeit gemünzt, erklärt sich nicht zuletzt daraus der Drift von der Produktion hin zur Kommunikation, deren von außen eindringende Ansprüche zuweilen verstörende Effekte auf das organisationale Innenleben zeitigen:

> »Eine der spürbarsten Auswirkungen erhöhter organisationsinterner Komplexität ist die sprunghafte Zunahme von Kommunikationsnotwendigkeiten. Dauernd sitzt man in irgendwelchen Besprechungen

> und Sitzungen, und das Gefühl, dass für nichts mehr wirklich ausreichend Zeit vorhanden ist, beginnt alles andere zu überlagern«,

schreibt Rudolf Wimmer in seinem Aufsatz zur Eigendynamik komplexer Organisationen (2004a, S. 94).

Hier stehen wir nun – und können nicht anders, als das klassische Henne-Ei-Problem zu konstatieren: Erzeugt Komplexität Kommunikation – oder umgekehrt? Die Antwort lautet: So wie die Organisation als System sich permanent selbst erzeugt, bilden auch Komplexität und Kommunikation eine nichttriviale Resonanzschleife: Das eine erzeugt fortwährend das andere, ohne dass die beiden dabei allerdings in einem simplen kausalen Zusammenhang stünden. Beide Phänomene erzeugen sich damit auf eine mehr oder weniger unberechenbare Art gewissermaßen gegenseitig. Wie auch immer man es drehen und wenden mag: Kommunikation ist die einzige Möglichkeit, Komplexität zu bearbeiten – auch wenn ihr Ergebnis unweigerlich darin besteht, neuerlich Komplexität hervorzubringen.

Wir müssen zwei Dimensionen der Kommunikation voneinander unterscheiden, um zu begreifen, welche Konsequenzen sich daraus für die Notwendigkeiten eines Umbaus in Bezug auf die Steuerung von Organisationen ableiten. Da ist zum einen die Kommunikation mit dem Außen, dem Markt bzw. den im weitesten Sinn »relevanten Umwelten« einer Organisation. Hier trifft Organisation buchstäblich am gnadenlosesten auf Gesellschaft – und ist angehalten, die Ohren steifzuhalten. Ein weiteres Mal sehen wir uns dem Henne-Ei-Problem gegenüber: Ist Organisation gefragt, die relevante Größe eines Bedürfnisses festzustellen und ein entsprechendes Produkt zu formen – oder aber ist sie nicht viel eher in der Not, das Bedürfnis auf Kundenseite erst zu erzeugen, um es anschließend in adäquater Weise zu befriedigen? Die Grunderfahrung der Kontingenz schlägt sich auch hier nieder: in dem Sinn nämlich, dass selbst im Bereich elementarer Bedürfnisse das Prinzip der Möglichkeit jenes der Notwendigkeit längst schon überformt hat. Willkommen im Supermarkt der Bedürfnisse! Während Steuerung in der klassischen Organisation sich darauf beschränken konnte, den Produktionsprozess zu kontrollieren, sieht sie sich im Zeitalter der Komplexität verpflichtet, mit einem Auge stets auf die Umwelt zu schielen und dort auftauchende amorphe Verdichtungen zu einem beschreibbaren Segment zu formieren bzw. formulieren.

Das andere Auge hingegen muss stets auf die wachsende Komplexität interner Kommunikation gerichtet bleiben. Die Folgen allgemeiner Differenzierung sind dabei ebenso unübersehbar wie kaum zu überschauen. Die Auflösung weitgehender Homogenität in der klassischen Organisation lenkt die Aufmerksamkeit auf interne Vorgänge, Prozesse und (Inter-)Aktionsfelder bzw. -muster, die in eindeutig hierarchisch strukturierten Unternehmen schlicht keine Rolle gespielt hatten. So verwandelt sich das darunterliegende Konzept der notwendigen Kommunikationsprozesse von einem linearen Sender-Empfänger-Modell in einen kontinuierlichen Übersetzungsprozess: Führung als Kommunikationssteuerung muss zwischen den Sprachen der einzelnen Fachbereiche eine Kommunikation herstellen, indem sie deren Verschiedenartigkeit aufnimmt, integriert und neu zusammensetzt. Die große Schwierigkeit dabei ist der Verlust des verbindlichen, allgemeingültigen Metacodes. Mit anderen Worten: Die Sprache von Führung muss ihre Aussagen auf der Basis der signifikanten Differenzen zwischen den einzelnen Fachsprachen bilden. Denn diese prägen

> »ihre eigenen normalisierten Prozeduren aus, mit deren Hilfe sie an Probleme und Aufgaben herangehen (beispielsweise geht ein Produktionstechniker ganz anders an Probleme heran als ein Experte für Strategieentwicklung, ein Controller ganz anders als ein Verkäufer)«,

so nochmals Rudolf Wimmer (2004a, S. 80).

Organisation und Gruppe

Über den Zuwachs an rein sachlicher Komplexität hinaus entwickelt sich in einer ihres »natürlichen« Zusammenhangs beraubten dezentralen Organisation auch eine soziale Komplexität, die eine kontinuierliche Wahrnehmung der Verhaltensweisen aller Beteiligten im Sinne von »Beobachtung« dringlich erscheinen lässt. Auf dem Spielfeld der Organisation haben sich alle Protagonisten fest im Blick; kein Spielzug erfolgt ohne entsprechende (mal laute, meist aber leise) Kommentare und – viel wichtiger – ohne ein jeweiliges Zurückrechnen möglicher Ableitungen auf das eigene Verhalten. Gerade an dieser Stelle muss sich Führung von der Vorstellung verabschieden, dass Kommunikation zu jedem Zeitpunkt kontrolliert oder beherrscht werden kann. In diesem Zusammenhang ist die Entdeckung des »informellen« Anteils an Kommunikation in der Organisation von höchster Bedeutung: Mitarbeiter und Fachkräfte verarbeiten ihre Erfahrungen, indem sie untereinander und abseits der »offiziellen« Kanäle weiterkommunizieren. Zwischen ihnen und der Unternehmensführung entstehen komplexe Muster »indirekter« Kommunikation – und ein gehöriger Anteil dessen ist den Beteiligten in der konkreten Situation oftmals gar nicht bewusst. Um diese Prozesse sichtbar zu machen, hat man in den 1950er und 1960er Jahren (vor allem in den Vereinigten Staaten) begonnen, Interaktionen innerhalb von Unternehmen losgelöst von ihren konkreten Inhalten zu betrachten. Im Zuge solcher Untersuchungen entdeckte man eine Organisation in der Organisation – die Gruppe. Man stellte fest, dass Menschen in den allermeisten Situationen, denen nicht mehr das Modell einer reinen Befehlsausgabe samt daran anschließender Ausführung zugrunde liegt, ihr Verhalten danach ausrichten, wie sie die (Macht-)Verhältnisse innerhalb jener Gruppe einschätzen, der sie sich zugehörig fühlen. Die daraus entstehende Eigenkomplexität bezeichnete man mit dem Begriff der *Gruppendynamik*, und deren Bedeutung scheint – durchaus vor dem Hintergrund einer aktualisierten Theoriearchitektur – vor allem aufgrund des stetigen Zuwachses an Kommunikation in Organisationen ungebrochen.[5]

Halten wir zunächst also fest: Der Zuwachs an sachlicher und sozialer Komplexität lässt althergebrachte, hierarchische Muster in Bezug auf die Steuerung von Organisationen ziemlich eindrucksvoll scheitern. Was stattdessen gefordert scheint,

> ist »ein hohes Maß an Design- und Prozess-Steuerungskompetenz, welche die erforderlichen Subsysteme [...] in einen gemeinsamen, bereichsübergreifenden Bearbeitungsprozess bringt« (Wimmer 2004a, S. 91).

Organisation als Erzählung

So nachvollziehbar diese Forderung auch ist: Eine solche Kompetenz kann sich allerdings nur entfalten, wenn sie Begriffe für die Folgen

5 Einen Überblick über die Entwicklung der Gruppendynamik gibt der von Gerhard Schwarz, Peter Heintel, Mathias Weyrer und Helga Stattler herausgebrachte Sammelband (1996). Eine kritische Auseinandersetzung mit den zugrunde liegenden Modellen dieses Ansatzes findet sich dort im Beitrag von Rudolf Wimmer: *Erlebt die Gruppendynamik eine Renaissance?* (S. 111–139); sowie in Wimmer (1998): *Das Team als besonderer Leistungsträger in komplexen Organisationen* (S. 105–130).

und Wirkungen der Komplexität innerhalb und außerhalb der Organisation entwickelt. Zentral dafür scheint eine Neubeschreibung bzw. Neubestimmung des (Selbst-)Verständnisses von Organisation zu sein. War die klassische Organisation noch in der Lage, sich als stabile »Wesenheit« darzustellen, deren Funktionen und Operationen sich an einem klar definierten »Kerngeschäft« (= Produktion) ausrichteten, sieht sich die komplexe Organisation einer dramatischen »Verflüssigung« ausgesetzt – ganz im Sinne der von Zygmunt Bauman in seinem Buch *Flüchtige Moderne* (2003) ins Spiel gebrachten »Fluidität«. Ihr »Wesen« zerfällt in Ereignisse, die sich darüber beschreiben lassen, dass das Nachher anders ist als das Vorher. Diese Ereignisse setzen sich jedoch nicht zu einem unverrückbaren Ganzen zusammen, welches sich um einen unveränderbaren Kern herausbildet, sondern verketten sich zu einer *never ending story*, einer Geschichte, die an allen Ecken und Enden mögliche neue Interpunktionen und Anschlusspunkte produziert. Daraus lässt sich kein übergeordneter Sinn mehr ableiten – wohl aber eine eigen-sinnige Erzählung, die reflexiv Bezug nimmt auf die Geschichte der eigenen Kontingenzerfahrung.

Eine solche Bezugnahme muss, damit sie wirksam werden kann, ein Verständnis dafür entwickeln, wie und wo sie am besten und effizientesten mit ihrer Komplexitätsbearbeitung einsetzt. Die Unmöglichkeit, ohne Rücksicht auf Verluste und über alle Turbulenzen hinweg eine Metastrategie zu oktroyieren, zwingt Führung als Steuerungsinstanz zu einem völlig neuen Umgang mit dem, was als »Material« zur Verfügung steht, um sich und ihrer Wirkung überhaupt einen ersten Antritt zu verschaffen. Die Führungskraft heute: mehr Geschichtenerzähler inmitten der Mannschaft als kühler Stratege auf dem Feldherrnhügel – so könnte der Paradigmenwechsel der zugrunde liegenden Metaphern auch beschrieben werden, wenn man sich überhaupt noch auf solch eine dichotomisierende Sichtweise einlassen möchte.

Sollen darüber hinaus die im Unternehmen gesammelten Erfahrungen auch (ökonomisch) nutzbar gemacht werden, braucht es nicht mehr und nicht weniger als eine kommunikative Mobilisierung des Wissens, das in einer Organisation schlummert. Spätestens hier würden wir dann das weite Feld der »lernenden Organisation« betreten, mit all ihren von James G. March (1991) so präzise und erhellend beschriebenen Implikationen von *exploration* bis hin zu *exploitation*.

Ein solches Wissen existiert in jeder Organisation tendenziell unabhängig von ihren individuellen Trägern. Dirk Baecker (1999, S. 78) nennt dieses ein »soziales Wissen«, das »in den Verhältnissen steckt und das uns in dem Ausmaß, in dem wir in ihnen stecken, zwangsläufig bekannt und unbekannt zugleich ist«. Aus seiner Latenz ans Tageslicht kommen kann es freilich einzig in der Bearbeitung durch Kommunikation – eine klare Absage übrigens an die meist technologisch orientierten Zugänge eines Wissensmanagements klassischer Prägung.

Von der Rationalität zur Intelligenz

Wirft man einen Blick auf die zugrunde liegenden »Bauprinzipien« klassisch-hierarchisch organisierter Organisationen, so landet man ab einem bestimmten Abstraktionsniveau unweigerlich bei Überlegungen, die die grundlegende Orientierung allen organisierten Geschehens an eindeutigen Zweck-Mittel-Relationen thematisieren. Was ist damit gemeint? Während im klassischen Organisationstyp mit der Hierarchie als zentralem Ordnungsprinzip der Zweck durch die Spitze der Unternehmung vorgegeben wurde (die ihrerseits die Legitimation für diese Setzung über einen entsprechend transformierten gesellschaftlichen Auftrag abstützen konnte) und das Personal (über die zur Verfügung stehenden Stellen) das Mittel darstellte, um diesen Zweck zu erreichen, veränderte sich dieses Grundverständnis von Organisation im Rahmen des bereits skizzierten Strukturwandels.

Bezeichnenderweise kamen die Impulse zu einer kritischen Reflexion dieser scheinbar eindeutig zuzurechnenden Größen aus der Wirtschaft selbst, wie es Luhmann (2000, S. 27) beschreibt:

> »Vor allem Wirtschaftsunternehmen, die Preise für ihre Produkte festlegen müssen, fanden heraus, dass der Markt (mangels ›perfekter Konkurrenz‹) die Preise nicht einfach diktiert, sondern dass darüber in der Organisation entschieden werden muss. Aber wie? Allgemeiner gesagt: Die Umwelt der Organisation absorbiert nicht genug Kontingenz, sodass die Organisation sich nicht mit einem Errechnen von einzig richtigen Entscheidungen begnügen kann. Sie muss ohne ausreichendes Wissen und mit abgekürzter Informationsverarbeitung selber entscheiden. Die Umwelt ist der Organisation nicht in der Form von ›Herrschaft‹ vorgesetzt, deren Willen auszuführen wäre. Sie ist vielmehr,

> sowohl in der Wirtschaft als auch in der Politik, ein turbulentes, intransparentes Feld, aus dem die Organisation eigene Entscheidungsgrundlagen zu gewinnen hat.«

Mit anderen Worten: Mit zunehmender Instabilität des gesellschaftlichen Kontextes von Organisationen wird mehr und mehr deutlich, dass Organisationen sich vor allem an ihren Außengrenzen zusehends auf Ungewissheiten zubewegen. Ein langfristig stabiler Markt, der nur ausreichend mit Produkten zu beliefern wäre, die nach den Grundlagen von Taylors »wissenschaftlichem Management« geschaffen werden, emanzipiert sich durch keinesfalls eindeutig beschreibbare neue Bedürfnisse und Anforderungen zusehends in ein Möglichkeitslabyrinth. Die fundamentale Erschütterung des klassischen Paradigmas von Ursache und Wirkung und damit der Rationalität aller Steuerungsbemühungen besteht in der Entdeckung, dass das Außen einer Organisation keine objektive Grundlage für die allgemeine Orientierung nach innen mehr liefert. Der an sich so »heilige« Zweck – und damit die ihm huldigende »heilige Ordnung« – steht plötzlich in Frage und folglich auch die Mittel, durch die er zu erlangen wäre. Ja, radikaler noch: Mit dem Schwinden einer Ausrichtung an einem eindeutig vorgegebenen Zweck steht immer mehr auch »das Ganze«, die Sinnorientierung in und von Organisationen, zur Disposition: Sie verwandeln sich zunehmend in Suchbewegungen, d. h., sie müssen – aus sich heraus – neue Formen der Sinnorientierung entwickeln, sich auf die Suche machen nach Fragen, auf die sie dann selbst eine Antwort zu geben imstande sind. Dieser Paradigmenwechsel in dem grundlegenden Bauprinzip von Organisation ist in seinen Konsequenzen nicht zu unterschätzen: Wo Rationalität als Form der Bearbeitung gesellschaftlicher Fragestellungen nicht mehr ausreicht, muss eine völlig neue Form von Problembehandlung entstehen, nämlich Intelligenz:

> »Intelligent ist ein Verhalten, das auch in den Trümmern Bedingungen, auch im ›garbage can‹ für Rationalität noch Ordnung zu finden mag«,

so Luhmann (2000, S. 29). Die Fragen, die sich hieraus an Führung stellen, erfordern eine komplett neue Selbstbeschreibung ihrer Funktion – und werden uns im Verlauf unserer Überlegungen noch ausführlicher beschäftigen. Bereits hier kann allerdings schon der Hinweis darauf gegeben werden, dass vor allem die Frage der Legitimation einer ihrer wichtigsten Tätigkeiten, nämlich: Entscheidungen zu treffen, sich vor diesem Hintergrund in neuer und ungewohnter Schärfe stellt. Auf den Punkt gefragt: Wie sind Entscheidungen auch gegen die Selbstverständlichkeiten der eingespielten Routinen durchzusetzen, wie kann Folgebereitschaft gesichert werden, wenn der legitimierende Zweck nicht mehr von außen herangezogen, sondern nur noch in sich selbst gesucht (und gefunden) werden kann?

Wir haben bereits angedeutet, dass »Erste Hilfe« für diese durchaus kritischen Fragen von Seiten der modernen Systemtheorie erwartet werden kann: durch die Ablösung der grundlegenden Vorstellung der Rationalität von Organisationen durch den Begriff der Intelligenz. In seinen Ausführungen zu einem modernen Organisationsverständnis bezeichnet Niklas Luhmann Intelligenz explizit als »Verhalten«, als Art und Weise also, sich in bestimmten Situationen zurechtzufinden, denen jegliche Form abhandengekommen scheint. Im Unterschied zur Rationalität definiert sich Intelligenz damit nicht als das »Andere« des Chaos, sondern als ein Akt, der Ordnung weniger wiederherstellt, sondern im eigentlichen Sinn erst hervorbringt. Nicht zufällig unterhält eine solche Konzeption von Postrationalität Beziehungen zum Begriff der Autopoiesis, dem Akt der Selbstreproduktion. Während im Bild der klassischen Rationalität eine Art reiner Exekution prästabilierter, quasigöttlicher Ordnung bzw. Vernunft mitschwingt, steht der Begriff »Intelligenz« für eine selbsttätige Strukturierungsleistung. Auf die Ebene der Organisation heruntergebrochen, bedeutet die Einführung des Begriffs der Intelligenz eine »Partikularisierung« von (Post-)Rationalität. Das Verschwinden des Masterplans erfordert neue Strategien der (Selbst-)Erhaltung, und die scheinen vor allem im Entwickeln von Differenzen und Erkunden von neuen Spielräumen zu liegen.

Alldem liegt die Erfahrung zugrunde, dass man sich in Situationen, Kontexten und Zusammenhängen eigenständig bewegen muss, ohne sie vollständig kontrollieren zu können. Der französische Philosoph Michel de Certeau beschreibt den paradigmatischen Wechsel vom planvollen, rationalen Vorgehen zu intelligentem Verhalten in seinem Werk *Die Kunst des Handelns* (1988, S. 85 ff.) als Übergang von der Strategie zur Taktik. Während Erstere immer eine Art Kriegszustand zwischen dem Ort des Eigenen und dem des Anderen voraussetzt, entwickelt sich die Taktik immer schon am »Ort des Anderen«, auf quasifremdem Terrain. Mit Niklas Luhmann könnte man sagen, dass dieses taktische Terrain im Gegensatz zum strategischen Diskurs weniger einen Ort darstellt als eine unbestimmte Zeit namens Zukunft. Das liegt insofern nahe, als auch Michel de Certeau selbst die Taktik einen »Gebrauch der Zeit« nennt; es heißt bei ihm (ebd., S. 91 f.):

> »Taktiken sind Handlungen, die ihre Geltung aus der Bedeutung beziehen, welche sie der Zeit beilegen – und auch den Umständen, welche in einem ganz bestimmten Interventionsmoment in eine günstige Situation verwandelt werden; der Schnelligkeit von Bewegungen, die die Organisierung des Raumes verändern; den Relationen zwischen den aufeinanderfolgenden Momenten eines ›Coups‹; den möglichen Überschneidungen von Zeitabschnitten und heterogenen Rhythmen; etc.«

Etwas vorschnell ließe sich nun mutmaßen, dass die Organisation durch die Einbuße an zentral hierarchischen Steuerungsmechanismen ihre Form allmählich gänzlich verliert und sich im Sinne der in den 1990er Jahren lauthals proklamierten *boundaryless organization* in sprichwörtliches Wohlgefallen auflöst. Das Gegenstück zur geschlossenen, hierarchisch gesteuerten Behörde oder Fabrik ist jedoch nicht die bis zur Beliebigkeit offene *company*, sondern ein Modell, dessen Mechanismen von Ein- und Ausschlüssen erst entlang der Differenz von Organisation und Umwelt untersucht werden müssen. Schon in den 1950er Jahren bietet eine Theorie der differenzierten Offenheit von Systemen gegenüber ihrer Umwelt – nicht zuletzt als Alternative zum Mittel-Zweck-Schema – eine Unterscheidung an, die die Umweltbeziehungen danach unterscheidet, ob die Organisation etwas erhält oder abgibt: das sogenannte Input-Output-Modell.

> »In der Theorie der Wirtschaftsunternehmen werden zum Beispiel Rohstoffmärkte, Arbeitsmärkte und Finanzmärkte auf der einen Seite und Produkt- oder Absatzmärkte auf der anderen Seite unterschieden, und man nimmt an, dass Organisationen sich nur entwickeln können, wenn diese Märkte sich unterscheiden lassen (oder alternativ: Sie werden unterscheidbar dadurch, dass sich entsprechende Organisationen entwickeln)«

– so beschreibt Niklas Luhmann (2000, S. 32) die Eigenarten dieses Modells.

An diesem Beispiel wird nochmals deutlich, welche Fragestellungen und Probleme sich aus dieser spezifischen Differenz ergeben bzw. inwiefern diese in gewisser Weise erst den Anfang aller künftigen Verwicklungen darstellt. Denn so notwendig es für die Organisation auf der einen Seite ist, sich gegenüber der Umwelt abzuschließen, um überhaupt in der Lage zu sein, ihre spezifischen Fragestellungen zu formulieren und darauf Antworten zu finden, so sehr hängt sie in der Suche nach Ressourcen einerseits und Lösungen andererseits von der eigenen Umwelt ab. Sie muss diese unausgesetzt beobachten, auf ihre Veränderungen reagieren und ihre inneren Abläufe daran ausrichten, wenn sie sich nicht selbst um ihre Existenz bringen will. Die Systemtheorie nennt diesen Prozess ein *re-entry*, d. h. die Wiedereinführung der Unterscheidung in das Unterschiedene. Der Begriff wurde zuerst von Georg Spencer Brown in seinem Werk *Laws of Form* (1979) geprägt. Die entsprechende Formulierung bei Luhmann (2000, S. 36) lautet:

> »Angewandt auf soziale Systeme im Allgemeinen und Organisationen im Besonderen, besagt Systemtheorie, dass die Differenz von System und Umwelt im System selbst produziert und reproduziert werden muss und dass genau dies die Systeme dazu zwingt, ihre Umwelt zu beachten.«

Sowohl für die Theorie als auch für die Praxis ergibt sich daraus nicht nur die Forderung nach einer anderen Perspektive, sondern auch nach einer grundsätzlicheren Problematisierung des Begriffs »Umwelt«. Denn das Verhältnis zwischen Organisation und Umwelt ist nicht einseitig, sondern von wechselseitiger Abhängigkeit und Einflussnahme geprägt. Es gibt wohl kaum jemals zwei Organisationen, die einer absolut identischen Umwelt gegenüberstehen. Der Organisationstheoretiker Karl E. Weick geht sogar soweit, die Umwelt als »das Resultat eines ›enactment‹, das der Logik interner Prozesse folgt«, zu beschreiben, als »Resultat des Handelns der Organisation, das, wie jedes Handeln, nur retrospektiv betrachtet werden kann« (1985, S. 35).

Auch wenn die Organisation sich von der Umwelt gerade dadurch unterscheidet, dass sie wohl in jeder Form über sich selbst, in keiner aber über die Umwelt verfügen kann, muss sie Instrumente ausbilden, mittels deren sie dieses ihr als Markt oder Gesellschaft Entgegenstehende beobachten, erforschen und »bespielen« kann. Aus diesen Erwägungen wird deutlich, dass wir – um ein adäquates Verständnis für moderne Organisationen zu entwickeln – die Innen-außen-Differenz ebendieser Organisationen beobachten müssen; nicht zuletzt auch deswegen, weil sich darin auch ein neuer Blick auf Führung abzeichnet.

Führung und Organisation – Spielstand

Fassen wir an dieser Stelle unsere Überlegungen zum Thema »Organisation als Ort der Entscheidung« zusammen. In Abgrenzung zu den klassischen (meist betriebswirtschaftlich inspirierten) Modellen von Organisation, die allesamt von einem rationalistisch geprägten, linearen Grundverständnis ausgingen,[6] haben wir vor dem Hintergrund der modernen Systemtheorie Organisationen als autopoietische (d. h. sich selbst erzeugende), operational geschlossene (d. h. nur auf sich selbst Zugriff habende) und über ihr Verhältnis zu ihren jeweiligen Umwelten definierte Form der Unsicherheitsabsorption via Entscheidung (inklusive der damit einhergehenden Paradoxie der Entscheidung) bezeichnet.

Auf den Punkt gebracht wird dies von Dirk Baecker (2005, S. 67):

> »Die Organisation ist jenes soziale System, das in der modernen Gesellschaft ausdifferenziert wird, um Entscheidungen möglich zu machen, die sie vor dem Hintergrund der Einführung von Routinen in einem ersten Schritt unmöglich macht, genau in dieser Form der Entscheidung über Routinen jedoch erst möglich macht.« Im gleichen Atemzug fügt er hinzu: »Die Konstruktion ist paradox, aber dass muss sie nach ›postmodernen‹ Vorgaben auch sein, um überhaupt glaubwürdig zu sein.«

Der Paradigmenwechsel, der mit diesem Verständnis von Organisationen einhergeht, fokussiert auf drei zentrale Umstellungen in der Betrachtung von Organisationen.

a) Umstellung der Betrachtung von Einheit auf Differenz

Anstatt von einer Teile-Ganzes-Verknüpfung der Organisation mit ihrer Umwelt auszugehen, zieht die moderne Systemtheorie auf eine radikale Grenze zwischen der Organisation und den sie umgebenden Umwelten. Auf sich selbst zurückgeworfen, sind Organisationen fest-

6 Einen ausgezeichneten Überblick über die »klassischen Konstruktionen« gibt übrigens Niklas Luhmann in seinem Einführungskapitel zu *Organisation und Entscheidung* (2000, S. 11–38).

gezurrt in einem Netzwerk eigener (vorlaufender) Entscheidungen, die, kondensiert zu Entscheidungsprämissen, den Spielraum für nachfolgende Entscheidungen definieren. Wie Münchhausen sich selbst an den Haaren aus dem Sumpf gezogen hat, entwickeln sich Organisationen aus sich heraus weiter, indem sie (selbstbezüglich) Anschluss an die selbst getroffenen Entscheidungen produzieren. Die scharfe Abgrenzung von ihren Umwelten verleiht Organisationen ihre jeweils eigene Identität, die beständig prozessiert werden muss, damit sie aufrechterhalten werden kann; erst dies stellt die Entscheidungsthematik scharf. Im konsequenten Rückbezug auf die eigenen Entscheidungen (und der zeitlichen Umstellung der Selbstfestlegung von Vergangenem auf Zukünftiges) wird es in und durch Organisationen möglich, aus (folgenlosen) Erwägungen ein zielgerichtetes, mit Konsequenzen behaftetes Kommunizieren zu erzeugen. Und auf einmal geht was ...

b) Umstellung der Betrachtung von Kausalität auf Kommunikation

Ohne den Rückgriff auf (extern, z. B. gesellschaftlich) vorgegebene Zwecke (Stichwort: Bedürfnisbefriedigung!), die gleichzeitig auch die Wahl der Mittel zu ihrer Erreichung erleichtern, und ohne Abstützung auf eingespielte lineare Zusammenhänge von Weisung und Gehorsam (Stichwort: Hierarchie!), die sich auf einen imaginierten Ordnungsmythos berufen, der das Kommando fraglos stellt, indem er alle Nachfragen entmutigt (und damit die Intelligenz der Organisation zum Schweigen bringt), sowie ohne die damit einhergehenden rationalen Hilfskonstrukte bleibt der Organisation nichts anderes, als sich permanent zu vergegenwärtigen, dass und was sie eigentlich ist. Dies geschieht durch Kommunikation. Im Rückgriff auf das, was ihr dabei zur Verfügung steht – die eigene offene Vergangenheit und die selbstfestgelegte (!) Zukunft –, erneuert sie sich im Prozess des Reihens von Entscheidung an Entscheidung, einzig begrenzt durch die Notwendigkeit, diese Reihung für sich schlüssig zu halten. In diesem Sinne ist der Kaiser nackt, auch wenn alle, er eingeschlossen, emsig darum bemüht sind, Kleider (Sachzwang! Zeitdruck! Hierarchie! Sportsgeist!) dort zu sehen, wo mittlerweile nur noch das Spiegelbild der eigenen Herrlichkeit schimmert.

c) Umstellung in der Betrachtung von Zeithorizonten

Die unerwartete Wendung, die durch diese konzeptuelle Umstellung möglich wird, ist – zumindest aus Sicht der Systemtheorie – einer der zentralen Schlüssel für die Erfolgsgeschichte der Organisation in der modernen Gesellschaft. Statt selbstverständlich davon auszugehen, dass die Vergangenheit als etwas Geschehenes bereits festgelegt und die Zukunft mit all ihren Optionen offen ist, arbeiten Organisationen mit der diametral entgegengesetzten Prämisse. Sie legen ihre eigene Zukunft fest, indem sie sich Ziele setzen und die Mittel bestimmen, mit denen diese Ziele zu erreichen sind. Die Vergangenheit hingegen wird in der Erinnerung ein Optionsraum, der durch die jeweils eigene Entscheidungskette zwar eingeschränkt, aber durch die Paradoxie der Entscheidung wiederum kontingent gehalten wird. Die Organisation nutzt diese Erinnerung an tatsächlich getroffene Entscheidungen als eine Art Controlling-Markierung, um sich selbst in Bezug auf die (selbst)gesteckten Ziele jeweils neu zu verorten. Wie heißt es bei *Alice im Wunderland*:

> »Würdest du mir bitte sagen, wie ich von hier aus weitergehen soll?«, fragte Alice. »Das hängt zum größten Teil davon ab, wohin du möchtest«, sagte die Katze. »Ach, wohin ist mir eigentlich gleich ...«, sagte Alice. »Dann ist es auch egal, wie du weitergehst«, sagte die Katze.

In diesem permanenten Abgleich zwischen Gedächtnisleistung und Soll-Definition werden Organisationen für die sie umgebende Gesellschaft funktional und adressierbar, da sie die Komplexität und damit Gefahr einer stets unsicheren Zukunft in das Risiko der Selbstfestlegung durch Entscheidung transformieren und damit Ungewissheit in Gewissheit verwandeln (bzw. – von außen besehen – so tun, als ob).[7]

Mit Hilfe der hier aufgeführten Prämissen wird der Grundstein für eine systemtheoretische Betrachtung von Organisationen gelegt, die für den weiteren Verlauf unserer Argumentation in Richtung Füh-

7 Siehe dazu Luhmann (2000, Kapitel 5, insbesondere die Seiten 154 ff.). Für die Applikation dieses Aspekts in das Innere der Organisation wird von ihr der Begriff der Strategie bereitgestellt. Als Form der Auseinandersetzung mit und Festlegung der eigenen Zukunft ist Strategiearbeit eine überlebensnotwenige Tätigkeit der Organisation, die freilich auf unterschiedlichste Art und Weise erledigt werden kann. Zu den Spielarten der Strategieentwicklung und ihren praktischen Konsequenzen siehe insbesondere Wimmer und Nagel (2002).

rungsverständnis einige Tragweite aufweist. Ohne die vertrauten Reflexe eines Rückgriffs auf die Ingredienzien der klassischen Organisation steht Führung vor der Herausforderung, neue Formen der Einflussnahme zu entwickeln, um die eigene Wirksamkeit in der Gestaltung ihrer Funktionen aufrechtzuerhalten. Es deutet sich bereits an, dass diese Überlegungen eher in Richtung einer Ausweitung des eigenen kommunikativen Arbeitsbereichs als seiner konsequenten Verknappung im Rahmen hierarchischer Weisungsketten hinauslaufen. Die Belastung, die mit dieser Zumutung unweigerlich verknüpft ist, erfordert ein Innehalten und Nachdenken über neue Strategien der Bewältigung wie auch über den Ort, von dem aus sie in Wirkung gebracht werden können. Diese Überlegungen werden wir im folgenden Kapitel nochmals aufgreifen.

Um jedoch an dieser Stelle unsere stellenweise recht abstrakten Überlegungen ein wenig mehr »auf den Boden« (weniger der Tatsachen als der Verständlichkeit) zu bringen, nutzen wir wieder den Kunstgriff eines »echten« Gespräches mit einem ausgewiesenen Experte zum Thema »Führung und Organisation«. Wir haben im folgenden Rudolf Wimmer eingeladen, seine Überlegungen zum angesprochenen Themenfeld mit uns zu teilen.

Interview mit Prof. Dr. Rudolf Wimmer

Im folgenden Gespräch entwickelt Rudolf Wimmer zunächst einführende Gedanken zur Kernfunktion von Führung in Organisationen, der »Sorge ums Ganze«. Davon ausgehend, skizziert er die Transformationen, die Führung als Funktion aufgrund des stetigen Komplexitätszuwachses durchläuft. Zur Sprache kommt dabei auch die Unabdingbarkeit der Selbstreflexion von Führung; bei dieser Gelegenheit entfaltet er exemplarisch den systemtheoretischen Terminus »Beobachtung zweiter Ordnung«, dem in dem an das Interview anschließende Kapitel über Führung zentrale Bedeutung zukommt. Eine entscheidende Rolle spielt in seinen Überlegungen zu einer Neubestimmung von Führung der Begriff der »wechselseitigen Abhängigkeit«, der verdeutlicht, inwiefern Führung nicht mehr als lineares Autoritätsverhältnis zu begreifen ist.

Rudi, Führung wird heute immer wichtiger – würdest du dieser These zustimmen?

Ganz so generalisierend würde ich das nicht sagen, da Führung für Organisationen in Hinblick auf ihre Funktionstüchtigkeit und Überlebensfähigkeit immer von existentieller Bedeutung war. Nicht zuletzt durch die gesellschaftliche Entwicklung waren diese allerdings gezwungen, über die Jahrzehnte hinweg ihre Eigenkomplexität deutlich zu erhöhen. Dies hat natürlich auch den Führungsaufwand und die Komplexität der Führungsstrukturen und -prozesse erhöht. Die Wahrnehmung von Führungsfunktionen ist für die handelnden Akteure dadurch anforderungsreicher und schwieriger geworden.

Wie definierst du denn »Führung«?

Führung ist für mich eine Funktion innerhalb sozialer Systeme, die darin besteht, dass Funktionsträger auf das Ganze der Organisation schauen und dabei eine ganz bestimmte Aufmerksamkeit mobilisieren, indem sie den jeweiligen Verantwortungsbereich unter folgendem Gesichtspunkt beobachten: Sind wir angesichts dessen, was unsere Aufgabe ist, gut unterwegs oder nicht? Führung nimmt zuallererst das Ganze in den Blick und setzt von dort aus den jeweiligen Verantwortungsbereich gewissermaßen unter Strom, um so den »Ist-Zustand« mit möglichen »Soll-Zuständen« zu konfrontieren. Diese Spannung steht somit in unmittelbarem Zusammenhang mit dem Existenzgrund einer jeden Organisation, der Frage: »Wofür sind wir da?«

Könnte man auch sagen: »Wer immer diesen Blick riskiert, führt«?

Wenn Organisationen einen gewissen Eigenkomplexitätsgrad entwickeln, schauen sie zunächst einmal auf die Funktionsträger. Da ist jeder eingeladen, sich den Kopf zu zerbrechen – und tut es auch. Unter einer solchen »Allseitigkeitsadresse« können sich Organisationen allerdings nur auf einem sehr überschaubaren, einfachen Entwicklungsstand bewegen, also zum Beispiel auf der Basis einer Kleingruppe, wo es möglich ist, gleichzeitig zu arbeiten und zu führen. Wenn es komplexer wird, brauchen Organisationen eine interne Arbeitsteilung, eine Differenzierung, die Spezialrollen hervorbringt, die sich dann tendenziell mehr um das eine kümmern und so andere entlasten, damit diese sich auf ihre jeweiligen Rollen konzentrieren können. Das Fatale daran ist – und das macht dieses Führungsgeschäft oft so paradoxiereich –, dass dies einhergeht mit einer Asymmetrisierung.

Asymmetrisierung? Was genau meinst du mit diesem Begriff?

Die Fokussierung auf das Ganze gelingt nur dann, wenn die darauf sich gründenden Funktionen vom Rest der Organisation auch akzeptiert werden. Da das symmetrisch nicht herstellbar ist, prägen Organisationen für ihre Steuerung stabile Asymmetrien aus. Diese sind natürlich schwer in einem Ein-Ebenen-Unterschied haltbar, und man weiß aus Beobachtungen von Firmen mit einem solchen Unterschied, dass diese im Grunde gruppenförmig geprägt sind. Die Wahrscheinlichkeit, dass ein Einzelner probiert, die Asymmetrie aufzulösen, ist sehr groß. Stabil werden Organisationen erst durch den Mehr-Ebenen-Unterschied, weil sich die Ebenen gegenseitig stabilisieren, so dass der Bedarf an Asymmetrie sich reproduzieren kann.

Damit gehen allerdings Paradoxien einher, die die Wahrnehmung ebendieser Funktion so prekär machen. Alle daraus resultierenden Übertragungen, die Konflikte und Missverständnisse in der Verständigung und im Zusammenspiel produzieren, müssen permanent bearbeitet werden, was wiederum eine Aufgabe von Führung darstellt. Diese schafft also in der Wahrnehmung der eigenen Funktion gleichzeitig ihre eigenen Voraussetzungen. Durch die Art, *wie* sie ausgeübt wird, zeigt sie Wirkung oder vernichtet sie. Die »Führung von Führung« ist daher ein ständig mitlaufender Beobachtungsfokus. Dadurch entsteht ein Ungleichgewicht zwischen Führung und dem Rest der Organisation. An der Art und Weise, wie Führung von diesem Rest wahrgenommen wird, liest die Organisation sozusagen ab, wie es ihr geht. Weil in Organisationen sich die Mitarbeiter ständig den Kopf darüber zerbrechen, ob das, was läuft, vernünftig oder falsch ist, wird aus dieser Wahrnehmung natürlich auch Führung ständig mit beobachtet. In solchen Beobachtungsverhältnissen zweiter Ordnung steht Führung unausweichlich auf dem Prüfstand.

Dieser Prozess der Dekonstruktion, der heute das Führungsgeschäft so schwierig macht, hängt damit zusammen, dass Organisationen in unseren hochentwickelten Gesellschaften immer weniger auf Autoritätsressourcen zurückgreifen können, die man von außen importiert und die im Inneren die Arbeit von Führungskräften mit Legitimation unterstützen und versorgen können.

Das ist jetzt wieder so ein großes Wort: Was ist mit »Autoritätsressourcen« gemeint?

Damit ist das Erzeugen von fragloser Geltung und Akzeptanz gemeint. Man folgt einer Entscheidung, ohne dass man über ihre Gründe ausführlich miteinander verhandeln muss. Nun hat aber Führung in Organisationen immer mehr die Aufgabe, für die Akzeptanz und Gültigkeit von Entscheidungen selber mit zu sorgen, indem sie diese mitlaufende Dekonstruktion im Auge behält und für ihre Bearbeitung Sorge trägt. Es ist spannend, Organisationen als Arenen der Beobachtung zweiter Ordnung zu begreifen. Führung tut gut daran zu beobachten, wie sie als solche beobachtet wird, und in die eigenen Leistungen diese Beobachtungen mit einzukalkulieren, um nicht an Wirkung zu verlieren.

Wenn aber die Autoritätsressource »Hierarchie« heutzutage nicht mehr greift: Worauf kann sich deiner Meinung nach Führung dann noch stützen? Was verschafft ihr die nötige Legitimation?

Letztlich nur, dass in der Auseinandersetzung mit den Beobachtungen und Sichtweisen derjenigen, die geführt werden, eine Akzeptanz dafür entsteht, dass Führung im Dienst der Weiterführung der Organisation geschieht und nicht aus Willkür. Das ist die einzige Legitimationsquelle, die ich noch sehe.

Und das bleibt vermutlich eine permanent zu erbringende Leistung ...

Das Ergebnis der Dekonstruktionsprozesse liegt darin, dass man diesen Zusammenhang der Glaubwürdigkeit von Entscheidung zu Entscheidung immer von Neuem herstellen muss. Natürlich kann man auf vorhandenen Strukturen und einer eingespielten Vertrauenssituation aufbauen. Darum ist Vertrauen als Ressource so wichtig, weil es in hochkomplexen Organisationen diese dauernde Selbstauflösung von Gültigkeit unterbricht. Man unterstellt einfach, dass es passt und stimmt – bis zum Beweis des Gegenteils.

Könnte man also sagen, dass Führung nicht wichtiger, sondern einfach anspruchsvoller geworden ist?

Das würde ich auf jeden Fall unterschreiben. Sie kann sowohl intern als auch extern auf viel weniger Selbstverständlichkeiten zurückgreifen. Um das zu zeigen, müsste man einmal die gesellschaftliche Evolution als Hintergrund dieser Veränderung rekonstruieren.

Okay, welche Veränderungen haben denn aus deiner Sicht das Geschäft des Führens so anspruchsvoll gemacht?

Ein wesentlicher Punkt hängt mit der Verfügung über die Grunddesigns bzw. Architekturen der Organisation zusammen. In den letzten Jahrzehnten hat sich das Verhältnis Organisation/Führung gedreht. Über die Jahrhunderte hinweg waren Organisation und Hierarchie quasi identisch: Wer Organisation gesagt hat, hat Hierarchie gemeint. Ordnung wurde als »heilig« betrachtet und stand selber in den Prozessen der Organisation nicht zur Disposition. Die gesellschaftlichen, kulturellen und institutionellen Faktoren haben das gestützt. Mit der Hierarchie waren bestimmte Organisationsdesigns festgelegt. Max Weber hat das in seinen Überlegungen zur staatlichen Bürokratie besonders gut zum Ausdruck gebracht: Es geht darum, Arbeit in Organisationen so zu verteilen, dass sie auf einzelne Rollenträger übertragen werden kann. Diese müssen in übergeordneten hierarchischen Positionen zusammenfasst werden, die dann wiederum zusammengefasst werden – bis an die Spitze der Organisation. Der Taylorismus hat das auf seine Art für die Wirtschaft formuliert. Dort hat sich dieses Prinzip in der Nachkriegszeit in der Stab-Linien-Organisation in Form der funktionalen Differenzierung und divisionalen Gliederung verfeinert.

Diese Grundbaugesetze haben auch klargestellt, welche Art von Führung und Steuerung damit verknüpft sind. Führung war eine aus der Hierarchie abgeleitete Größe. Besonders vorteilhaft waren die damit verbundenen kommunikationsersparenden Begleiterscheinungen: Man musste nicht viel aushandeln, sondern eben einfach nur Ansagen machen. Zweiwegkommunikation wurde nicht gebraucht, bestenfalls musste man darauf im Störungsfall zurückgreifen. Kommunikation war nachgerade ein Ausdruck von Störung des Funktionszusammenhangs.

Von den 1960er bis in die 1980er Jahre hinein wurden diese Grundprinzipien verfeinert. Alles, was komplexer und somit auch anders zu bearbeiten war, wanderte in die Stäbe. Schwierigere Themenstellungen, die bereichsübergreifend angefallen sind, wurden mit Hilfe einer Projektorganisation bearbeitet. Diese Grundarchitekturen funktionierten über die Jahrzehnte hinweg gut und hatten einen unmittelbaren Einfluss auf das, was an Führungsleistung notwendig war.

Und wann sind in diesem Verlauf die ersten entscheidenden Veränderungen eingetreten?

Zu drehen begann sich das Ganze in den späten 1980er Jahren. Da wurde erstmals deutlich, dass die geforderten Quantensprünge in der Produktivität allein durch die Verfeinerung dieses Grundmodells nicht mehr herstellbar waren. Aus der Perspektive der Industriesoziologie betrachtet, ging es dabei um den Umbau von produktionsorientierter hin zu systemischer Rationalisierung: In den Fokus kam nicht mehr nur der *shop floor*, wo die Arbeit erbracht wird, während der Rest weitgehend aus den Rationalisierungsbemühungen ausgeklammert wurde. Man erkannte, dass man die gesamte Organisation unter Produktivitätsgesichtspunkten anschauen musste.

Das, wovor die Hierarchie jahrzehntelang geschützt hat, wurde auf einmal denkbar: Organisationen konnten so, aber auch ganz anders gestaltet werden. Hatte es die Hierarchie bis dahin geschafft, sich selbst als alternativlos zu setzen, so wurde das in dieser Zeit nachhaltig erschüttert. Man begann damit, alternative Grundprinzipien der Gestaltung von Subsystemen und des Herstellens von Zusammenhang und Trennung zwischen den Subsystemen anzudenken. Die Hierarchie ist ja auch nichts anderes als eine Spielregel, nach deren Logik Subsysteme gebaut, voneinander getrennt und in wenigen Aspekten wieder miteinander verknüpft werden. Nun entstanden gänzlich neue Modi der Verknüpfung aus alternativen Denkkonzepten, etwa dem Prinzip der Selbstähnlichkeit, das eine andere aufbauorganisatorische Logik mit sich bringt als das Bauen von Unternehmen im Unternehmen mit all den Konsequenzen oder eine Differenzierung entlang der Prozesskette.

Diese alternativen Organisationsdesigns erfordern im Vergleich zur klassischen Hierarchie ganz neue Formen der Führbarkeit und Steuerung der Organisationsverhältnisse. Koordination ist nicht mehr über die Unterstellung von Fraglosigkeit herstellbar, sondern über Kommunikation, über Aushandlungsprozesse: Ordnung durch Selbstbindung, wie Dirk Baecker das nennt. Und damit bricht das Thema der Dekonstruktion, der Auflösung von Geltung, voll über die Führungskräfte herein.

Und wie äußert sich dieser Einschnitt auf der Ebene des Handelns und Reflektierens?

Die Formen der Binnendifferenzierung verändern sich, indem etwa die Kombination von Hierarchie und Markt in der Organisation sich durchzusetzen beginnt. Insbesondere in den letzten zwei bis drei Jahren gehen alle Denkkonzepte in eine ähnliche Richtung. Die Performance auf den Märkten wird nicht mehr rein marktförmig in den Unternehmen selbst gesteuert; wir treffen oft auf Kooperationsformen, die nicht wie eine Organisation agieren. Andererseits ist aber auch das Zusammenwirken von Organisationen organisationsförmiger geworden, ganz im Sinne der modernen Netzwerktheorie – in Form von strategischen Allianzen oder Clusterbildung. In der öffentlichen Verwaltung ist das inzwischen auch nicht mehr anders.

Die labileren Kooperationsformen und netzwerkförmigen Verhältnisse innerhalb und außerhalb der Organisation erzwingen in der Organisation wieder Führungsleistungen, die die Funktionstüchtigkeit solcher Netzwerke sicherstellen. Anders als Organisationen sind Netzwerke nämlich durch vielfältige Exit-Möglichkeiten charakterisiert. Das setzt die Führung unter Druck, darauf zu schauen, dass eine Win-win-Situation für alle Beteiligten bestehen bleibt. Man muss das eigene Verhalten und die Wirkungen bei anderen ständig mitdenken unter dem Motto: »Wie kann ich mich da positionieren, dass andere mich auch als einen nutzenstiftenden Kooperationspartner wahrnehmen?«

Der Führungsprozess basiert im Grunde genommen immer stärker auf der Anerkennung der wechselseitigen Abhängigkeit. Von daher tut Führung immer gut daran, den eigenen Beitrag zur Überlebensförderung, zur Wertschöpfung unter ökonomischen Gesichtspunkten, sichtbar und nachvollziehbar zu machen. Sonst erodieren nämlich ihre Legitimationsgrundlagen.

Wir haben jetzt viel davon gesprochen, was in und um Organisationen herum passiert, wenn sie über die Produktivitätsthematik unter Druck geraten. Was ist denn das Besondere von Organisationen im Unterschied zu anderen sozialen Systemen?

Organisationen gewinnen ihre Möglichkeiten der Bildung und Aufrechterhaltung von Grenzen dadurch, dass sie in der Gesellschaft beobachtbare, ungelöste Problemstellungen aufgreifen und bearbeiten. Und zwar über Entscheidungen, die an Entscheidungen anknüpfen. Durch Entscheidungen wird Unsicherheit absorbiert, und Organisationen bauen um diesen Prozess weitere organisationsförmige Prozesse.

Heißt das, dass nur in Organisationen entschieden werden kann?

Ja. Natürlich wird auch anderswo, etwa im Familienverband oder in Paarbeziehungen, entschieden, aber Familien reproduzieren sich nicht schwerpunktmäßig über Entscheidungen. Das spezifische Basiselement von Organisationen ist Entscheidung. Und Entscheidungen bedarf es immer dort, wo eigentlich nicht entschieden werden kann. Diese Unsicherheit wird durch Entscheidungen bearbeitet, indem man sagt: »Aber so machen wir es.« Und daran können weitere Entscheidungen anschließen, um diese Art von Ungewissheit aus der Welt zu schaffen. Genau dazu braucht es Organisationen. Moderne Gesellschaften produzieren durch die funktionale Differenzierung laufend solche Problemstellungen, die eben nur organisationsförmig angegangen werden können.

Ich würde gerne noch eine Frage stellen, die mir nicht zuletzt aus aktuellem Anlass – Stichwort Globalisierung – besonders auf den Nägeln brennt. In Bezug auf Führung wird da der Gegensatz zwischen Amerika und Europa immer wieder betont. Gibt es da aus deiner Sicht ein unterschiedliches Führungsverständnis?

Aus meiner Sicht tendiert die amerikanische Leadership-Literatur mehr dazu, Führung als ein Thema persönlicher Qualitäten zu sehen und Organisation als ein Gegenüber, das entsprechend gestaltet werden muss. Führung wird nicht als Teil des Selbstorganisationsprozesses wahrgenommen, der den Unterschied von Führung und Rest der Organisation hervorbringt, sondern als etwas, das der Organisation »vis à vis«-, gegenübersteht. In dieser Logik zählt stärker, was Führungskräfte als Individuen können, welches Charisma sie ausprägen, über welche persönlichen Qualitäten sie verfügen. Führungskräfte müssen eine bestimmte Intuitionskraft haben, mit der sie sich dieses Feld erschließen, Ziele formulieren usw. Aber natürlich gibt es in den USA auch genügend Quellen, die dies anders sehen, ebenso wie sich auch bei uns genug Leute finden, die diesen eher heroischen Zugang haben.

In der theoretischen Auseinandersetzung sind das zwei unterschiedliche Zugänge, die man aus meiner Sicht durchaus scharf differenzieren sollte: Adressiert man das Thema Führung personenorientiert, oder nimmt man – wozu ich heute neige – Führung unter dem Gesichtspunkt in den Blick, wie Organisationen diese Funktionen ausdifferenzieren und prozessieren und welche Art von Personen dafür in die Organisation geholt werden? Diese Frage ist nicht zuletzt bei Führungswechseln entscheidend. Denn wenn Leute nachbesetzt werden, die ein konträres Führungsverständnis haben, dann werden diese über kurz oder lang einfach wieder »entsorgt«.

Und trotzdem müssen wir davon ausgehen, dass amerikanische Unternehmen unter einem ähnlichen Produktivitätsdruck stehen wie europäische. Könnte man diese beiden Zugänge nicht als zwei Modelle verstehen, mit denen dieses Thema auf unterschiedliche Weise bearbeitet wird?

Mit dieser Frage kommen wir jetzt zur konkreten Führungspraxis. Ich kann versuchen, eine Organisation erfolgreich zu machen, indem ich sie in eine instrumentelle Beziehung von Führung und Organisation bringe. Wenn das von der »Nationalkultur« gestützt wird, weil diese Art von Instrumentalisierung, Heroisierung und individueller Karrierelaufbahn Teil des Selbstverständnisses ist – warum sollte das nicht erfolgreich sein?

Allerdings sollte man genau hinschauen: Die Arbeiten von Jim Collins etwa weisen in die genau entgegengesetzte Richtung. Alle seine Beispiele zeigen, wie diese Heroen mit ihren entsprechenden Interventionen letztlich gescheitert sind. Wenn ich dann bei uns auf langlebige Familienunternehmen schaue, die über Jahrzehnte, Jahrhunderte ihr Auskommen gefunden haben, dann waren das alles Konstellationen, die das Unternehmen mit der Sorge um die Aufrechterhaltung der langfristigen Überlebensfähigkeit geführt und es eben nicht in einen kurzfristigen Verwertungszusammenhang gebracht haben. Aber jetzt daraus zu schließen, dass eine Führungskultur, die sich durch Nichttrivialität in der Selbstreproduktion auszeichnet, automatisch überlebensfähiger ist als die ständigen instrumentellen Trivialisierungsprozesse und die machtorientierte Durchsetzung derselben, ist eine Hypothese, für die der empirische Befund noch geliefert werden muss.

Die langfristige Überlebensfähigkeit scheint für dich eine zentrale Orientierungsgröße für Führung darzustellen. Oft wird in einem Atemzug mit Führung auch das Thema Strategie genannt. Wie würdest du diesen Zusammenhang beschreiben?

Führung ist, wie wir schon festgestellt haben, jene Funktion, die in der Sorge um das Ganze die Frage nach dem Existenzgrund einer Organisation sichtbar und verfügbar hält. Sie belästigt sozusagen die ganze Organisation mit Soll-Ist-Differenzen, indem sie die Frage: »Wofür sind wir eigentlich da?«, mit einer zweiten, nach vorne gerichteten verknüpft: »Wo wollen wir eigentlich hin?« Hier kommt das Thema Strategieentwicklung ins Spiel. Diese versorgt eine Organisation mit programmatischen Entscheidungsprämissen, die festlegen, woraufhin die eigene Unternehmensentwicklung ausgerichtet wird.

Ich bleibe ein wenig hartnäckig: Braucht es bei all diesen Anforderungen nicht doch speziell ausgeprägte Persönlichkeiten?

In einem Führungsprozess wirken immer unterschiedlichste Funktionsträger zusammen, deren Geschäft es ist, für ihre Verantwortungsbereiche diese Sorge um das Ganze wahrzunehmen und die notwendigen Schnittstellen des Zusammenwirkens im Auge zu behalten. Das ist immer auch eine organisationale Dimension, also eine systemische Qualität, die nur wahrgenommen werden kann, wenn an den entsprechenden Stellen adäquate Personen sitzen. Ich glaube, dass sich das schwerer realisieren lässt, wenn sich dort Heroen befinden, die diese Leistung für sich persönlich reklamieren und nicht sehen, dass das Ganze auf einem attraktiven Zusammenspiel beruht, welches natürlich durchsetzungsfähige Persönlichkeiten mit einer entsprechenden Konfliktfähigkeit braucht. Auch hier kann man im Übrigen wieder auf die Arbeiten von Jim Collins verweisen.

Erscheint dann angesichts der Zunahme an Komplexität konsequenterweise nicht ein Managementteam als die Form der Zukunft von Führung?

Managementteams sind für mich ein Strukturelement gerade in Organisationen, die entweder ihre Binnendifferenzierung auf Selbstähnlichkeit ausgerichtet haben oder sehr prozessorientiert arbeiten. In diesen Organisationstypen findet Koordination in Teams, also in sozialen Formationen, die ausgesprochen sensibel auf die Anerkennung von wechselseitiger Abhängigkeit reagieren, statt. Und deswegen ist die Sorge um die Funktionstüchtigkeit vor allem an der Spitze eine der Erfolgsvoraussetzungen für solche Organisationen. Unternehmen, die das im Blick haben, stellen sich auf eine oft mehr als zehnjährige Latenzzeit ein. Das geht nur *step by step*, bis diese Strukturen aufgebaut und das Unternehmen ins Fliegen gekommen ist.

Dabei ist das Herstellen dieses Kooperationszusammenhangs zwischen den Führungsebenen ein zentraler Stellhebel in diesem Reifeprozess.

Hast du eine Vorstellung, wie Führung sich in den nächsten Jahren verändern muss, um wirksam zu bleiben oder wirksamer zu werden? Wohin wird sich »Führung« weiterentwickeln?

Was sich aus meiner Sicht sicher nicht abschwächen wird, ist der Zusammenhang zwischen Führung und Organisation. Dieser stellt sich als eine zentrale Paradoxie dar, die permanent bearbeitet werden muss: Organisationsverhältnisse immer wieder neu zu überprüfen und herzustellen und dabei gleichzeitig im Auge zu behalten, dass die Führungsstrukturen immer auch ein Abbild der Organisationsverhältnisse sind. Das setzt in hohem Maße Selbstreflexivität voraus: sich beobachten, dieses auswerten und sich damit selbst unter Optionsdruck setzen.

Die ständige Selbsterneuerung von Führung in dieser Paradoxie schafft allerdings auch Überforderungsverhältnisse, die einen gewissen Verschleiß nach sich ziehen. Immer wieder neu zu sehen, wie man sich aufgestellt hat, welche Führungspositionen geschaffen worden sind, und einzuschätzen, was davon nicht mehr brauchbar ist, wird zu einer Schlüsselaktivität in der Führung von Organisationen werden. Es wird um eine gute Dosierung gehen, z. B. durch den Einsatz »neuer Spieler« im Feld. Darüber hinaus muss man im Rahmen des normalen Führungsgeschehens Routinen schaffen, mit denen die Weiterentwicklung und Veränderung von Führung im Kontext entsprechender Organisationsdesigns vorangetrieben werden kann.

Eine andere Dimension besteht darin, dass Eigenkomplexität überhaupt nur durch Komplexitätssteigerung steuerbar wird. Dieses Grunddilemma zieht die Frage nach sich, ob diese Dynamik endlos steigerbar ist oder ob wir da nicht in Selbstüberforderungsspiralen hineinkommen. Schon jetzt ist die eine oder andere Organisation drauf und dran, speziell ihre Leistungsträger zu überfordern und sie dadurch auch auszubrennen. Natürlich kann man da wieder für Ersatz sorgen – aber ob dieser Verschleiß der Leistungsträger auf einem mittlerweile selbstverständlichen Niveau auf Dauer gutgehen wird, da bin ich mir nicht so sicher.

Nicht zuletzt wäre da noch das Verhältnis der Organisationsspitze zu bestimmten externen Shareholdern, also die Anbindung von Organisationen an den Kapitalmarkt. Es wird sich zeigen, welche Herausforderungen diese sensible Achse des Zusammenspiels mit sich bringt. Das ist sicher etwas, was gegenüber früher nicht einfacher werden wird.

In diesem Zusammenhang ist es ganz wichtig, auch das Zusammenspiel zwischen Aufsichtsräten und anderen Führungsgremien zu sehen. Wie sich diese Gremien zu Vorständen und des Weiteren in die Organisationen hinein in Beziehung setzen, wird eine immer wichtigere Rolle spielen. Ich verstehe darunter die »Durchgängigkeit eines Führungszusammenhangs«, die gemeinsam akzeptierten Spielregeln und Grundsätze, die auf wechselseitigem Respekt und Vertrauen aufbauen. Hier ist aus meiner Sicht noch viel zu tun.

Ähnlich gelten diese Überlegungen auch für das Steuerungsteam, für die Teamqualität an der Spitze. Diese Formen der losen Koppelung zwischen Aufsichtsgremien und Topmanagement – ob das jetzt Aufsichtsräte sind, die über den Kapitalmarkt generiert werden, oder Beiräte, die familiendominiert sind – werden in Zukunft immer mehr an Bedeutung gewinnen.

Kann es sein, dass bei all diesen Zumutungen die größte Herausforderung darin besteht, nicht allzu schnell auf einfache Lösungen zu setzen? Wächst mit den Herausforderungen nicht auch die Lust, in einfache Lösungen auszuweichen?

Ja. Und trotzdem gilt: Komplexität ist nur durch Komplexität zu beantworten. Und Führung liegt genau an dieser Nahtstelle. Wenn sie durch ihr eigenes Tun organisational gesteigerte Komplexität bearbeitbar machen will, bedeutet das zunächst weitere Komplexitätssteigerung. Aber auch das ist etwas, was in seiner Dosierung sehr sorgfältig abzuwägen ist.

Aber auch das ist letztlich nur wieder beurteilbar, wenn man sich mit folgenden Fragen auseinandersetzt: »Kenne ich als Führungskraft mein Spielfeld gut genug? Weiß ich, was meine Organisation braucht? Kann ich mich selbst als Teil des Systems begreifen und meine Steuerungsimpulse so dosieren, dass die Organisation etwas damit anfangen kann?« Es geht also um das Verhältnis von Übersteuern und Untersteuern. Viele Führungskräfte neigen in meiner Wahrnehmung zum Beispiel aufgrund des Drucks der Kapitalmärkte zur Übersteuerung, was kurzfristig auch Selbstberuhigung erzeugt, weil man ja viel auf Aktivitäten setzt – aber mittelfristig ...

Rudi, eine letzte Frage zum Schluss: Was ist für dich das größte Missverständnis bezüglich Führung?

Ein großes Missverständnis sehe ich dann, wenn Führung sich anschmiegt an die bestehenden Verhältnisse eines Unternehmens und diese bestätigt und bestärkt, nur damit es den Mitarbeitern gutgeht und diese sich entsprechend einrichten können. Allerdings kann auch dies wieder ein Ergebnis der List der Vernunft sein, etwa in Organisationen, in denen die Sorge ums Ganze und Soll-Ist-Differenzen in legitimer Weise schwer mobilisierbar ist, weil es zum Beispiel keine existentielle Gefährdung oder Herausforderung gibt oder es intern keinen Unterschied macht, ob man etwas so oder anders sieht. Beispiele dafür wären etwa Suchtstationen oder Altenpflegeheime, wo es ja tatsächlich strittig ist, ob ein bestimmtes professionelles Vorgehen wirklich so viel besser ist als ein anderes oder ob etwa diese Ziele legitimer sind als andere. Im Grunde haben solche Organisationen dann so viele unterschiedliche Führungskonzepte wie Beschäftigte. Diese rivalisieren auch miteinander, aber keines kann sich durchsetzen im Sinne eines Beweises, der einen legitimen Unterschied machen könnte. In diesen Zusammenhängen gerät Führung dann vielfach zur Sorge um die Reproduktion der eingeschwungenen Normalität. Deutlich wird dann aber auch, dass das soziale Ganze in den Dienst der Selbstversorgung der Beschäftigten gerät. Führung ist dann nichts weiter als eine Dienstleistung dafür, dass die Mitarbeiter es sich richten können. Die Organisation als solche hat keine Seinsberechtigung – außer die Plattform dafür abzugeben, dass man dies tun kann.

Rudi, ich danke sehr für dieses Gespräch.

4. Im Spiel: Führung revisited

Rufen wir uns zu Beginn des Kapitels die bisherige Entwicklungslinie unserer Argumentation ins Gedächtnis. Wir haben gezeigt, dass sowohl die Gesellschaft als auch ihre Organisationen unumkehrbaren Differenzierungsprozessen ausgeliefert sind. Entlang der Ausrichtung auf ein Motiv bzw. einen Sinn bilden sich vor diesem Hintergrund immer speziellere Funktionen der Bearbeitung der jeweiligen Problemlage heraus. Diesen Prozess, von dem ausnahmslos alle Subsysteme und Organisationen der modernen Gesellschaften – wenngleich auf völlig unterschiedliche Art und Weise – betroffen sind, bezeichnet man in der modernen Systemtheorie als »funktionale Differenzierung«. Die darin zu Tage tretende Kontingenzerfahrung ruft zwar die Sehnsucht nach Ordnung und Gewissheit und damit Entscheidung auf den Plan, zersetzt aber gleichzeitig auch tradierte Quellen der Legitimation, die diesen Entscheidungen zur Geltung verholfen haben. Dies zieht einen neuen Umgang mit Entscheidung nach sich: Auf sich selbst gestellt, kann Führung – im Sinn einer notwendigen Bearbeitung von Unsicherheit – sich einzig und allein durch sich selbst legitimieren.

Das verlangt nach einer grundlegenden Revision des Selbstverständnisses von Führung, kann diese sich doch folglich nicht länger als erhabener Feldherrenhügel definieren. Mit den Worten von Rudolf Wimmer gesagt (2004b, S. 89):

> »Durch die systematische Dezentralisierung von fachbezogener Intelligenz sowie durch die unternehmerische Eigenverantwortung der verschiedenen Geschäftsfelder besitzen auch jene zentralen Organisationseinheiten, deren primäre Aufgabe es ist, sich um die Belange des Ganzen zu kümmern (wie beispielsweise der Vorstand), lediglich den Charakter von Subsystemen neben anderen.«

Diese Entwicklung entlastet und belastet Führung zugleich. Zum einen lassen sich aus den Folgen der Dekonstruktion keine autokratischen Alleingänge mehr ableiten – im Gegenteil: Führung ist auf permanente Kommunikation und Auseinandersetzung mit allen anderen »Subsystemen« innerhalb der eigenen Organisation angewiesen. Zum anderen aber erwächst Führung gerade aus der funktionalen Differenzierung ihr besonderes Gewicht. Sie ist die Funktion, die sich um die Funktionstüchtigkeit und Überlebensfähigkeit des Ganzen zu kümmern hat. Sie tut das, indem sie gesellschaftliche Fragestellungen in die Organisation zurückführt und dafür sorgt, dass sie vom Rest der Organisation aufgegriffen und bearbeitet werden. In der Sprache der Systemtheorie: indem sie die Differenz zwischen Gesellschaft und Organisation in die Organisation selbst wiedereinführt. In dieser ebenso einfachen wie umfassenden Formel steckt das Problem, dessen Lösung Führung darstellt.

Die folgenden Überlegungen greifen diesen Gedankengang auf und vertiefen sich in drei Fragestellungen:

- Welche Aufgaben hat Führung neben der Sorge um die Überlebensfähigkeit des Ganzen als Systemleistung?
- Welche Aufgabenfelder sind in diesem Zusammenhang von Führung zu gestalten?
- Wie kann Führung ihre Funktionen unter den gegebenen Voraussetzungen möglichst gut erfüllen?

Während die beiden ersten Fragen sich mit dem *Was* der Führung in Organisationen beschäftigen, zielt die letzte Frage auf das *Wie* der Führung ab. Mit welchem Grundverständnis muss Führung ins Feld ziehen, um gegen die mitlaufende Dekonstruktion ihrer Autorität ihren Einfluss geltend zu machen, für Gefolgschaft zu sorgen, kurz: Wirkung zu erzielen?

Hierarchie

Beginnen wir mit der Beschreibung der Aufgaben von Führung. Wir hatten bereits erwähnt, dass eine ihrer zentralen Aufgaben darin besteht, die Organisation mit all dem zu versorgen, was sie braucht, um als Ganzes zu überleben. Nichts anderes besagt die schon mehrfach beschriebene Wiedereinführung der Differenz zwischen System und Umwelt ins System. Die Organisation sucht und findet ihren Sinn über die Beschäftigung mit ihrer Umwelt, indem sie gesellschaftliche Fragestellungen in organisatorische Fragestellungen verwandelt. Die permanente Thematisierung und Aktualisierung dieses Zusammenhangs kann weder ein Personalchef noch ein Controller, geschweige denn ein anderer Fachexperte übernehmen. Dafür braucht es Führung als eigens ausdifferenzierte Funktion.

An dieser Stelle wird deutlich, dass durch diese Ausdifferenzierung zwischen Führung und dem Rest der Organisation nicht bloß Differenz, sondern Asymmetrie entsteht, und zwar im Sinne der Hierarchie als organisatorischer Eigenleistung, wie sie Dirk Baecker beschrieben hat. In seinem Aufsatz *Mit der Hierarchie gegen die Hierarchie* (2003, S. 198–236) analysiert er den Bedeutungswandel, den Hierarchie mit dem Übergang von vertikaler zu horizontaler Differenzierung durchlaufen hat. Entgegen dem klassischen Verständnis von Hierarchie als »heiliger Ordnung«, deren Funktion in erster Linie in der Entmutigung von Nachfragen durch Kommunikationsverknappung bestand (wir sprechen im Kontext von Unternehmen von der berühmt-berüchtigten »Chefsache«) und die auf diese Weise für eine dramatische Reduktion von Komplexität sorgte – allerdings immer unter der Voraussetzung, dass sich die Führung auf die Befolgung ihrer Weisungen verlassen konnte –, hat die hierarchische Differenz in modernen Organisationen andere Aufgaben übernommen. Interessanterweise gilt dies für beide Seiten der Form: Sowohl »oben« als auch »unten« werden durch sie Freiheitsgrade (und damit Komplexität) eingeschränkt. Man muss nur einen Blick auf die *gated communities* der Eliten in so manchem Land werfen, um ein Gefühl dafür zu bekommen, mit welchen Kosten (im Sinne der »Freiheitsberaubung«) ihre gesellschaftliche Stellung verbunden ist.

Diese Dekonstruktion der klassischen Hierarchie geht einher mit dem Kontingentwerden von Unternehmensarchitekturen als solchen. War Hierarchie in früheren Zeiten weitgehend synonym mit Organisation schlechthin, sind durch die schiere Möglichkeit der Gestaltung der grundlegenden Unternehmensarchitektur durch Führung weitere Optionen entstanden, die ihrerseits wieder kommunikativ eingeholt werden müssen, damit sie durchsetzbar sind. Man sieht: Um das Problem eines angemessenen Komplexitätsmanagements kommt man einfach nicht herum.

Bei den Überlegungen zum Funktionswandel der Hierarchie sehen wir in erster Linie zwei Aspekte im Vordergrund, auf die wir kurz eingehen wollen.

1) Wenn von einem neuen Hierarchieverständnis die Rede ist, darf das zunächst nicht mit dem (modischen) Diskurs über die Auflösung von Hierarchien verwechselt werden. »Flache Unternehmen«, »Selbstorganisation« oder »boundaryless organizations« (Jack Welch) haben

sich als Chimären erwiesen, nicht zuletzt aus der simplen Tatsache heraus, dass Organisation per se mit unterschiedlichen hierarchischen Ebenen verknüpft ist, die durch den Abbau von hierarchischen Strukturen nicht zum Verschwinden gebracht werden. Nach wie vor gibt es in Unternehmen etwa eine Meisterebene, eine Abteilungsleiterebene, verschiedene Business-Units oder eine Holding als zentrale Steuerungsinstanz. Wie immer die Architektur dieser Einheiten auch konstruiert wird: Auf Ebenenunterschiede wird nicht verzichtet.

Verantwortlich dafür ist nicht nur die Arbeitsteilung zwischen den einzelnen Einheiten: So müssen beispielsweise im Rahmen einer Geschäftsfeldgliederung die unterschiedlichen Bereiche als in sich geschlossene Unternehmen nicht notwendigerweise arbeitsteilig organisiert sein. Für die Aufgabenbewältigung in Organisationen gilt vielmehr, dass einerseits immer unterschiedliche Subeinheiten voneinander getrennt und in ihrer Getrenntheit funktionstüchtig gehalten und andererseits auch wieder miteinander verbunden werden müssen. Hier zeigt sich die Notwendigkeit der Hierarchie von einer neuen Seite: Ihre Funktion ist es, die Überlebensbelange und Notwendigkeiten der größeren Einheit in den Subeinheiten zur Geltung zu bringen, ohne dabei die Funktionstüchtigkeit dieser Subeinheiten zu gefährden.

Hierarchie hat also zum einen die Funktion, dafür zu sorgen, dass die Funktionstüchtigkeit der »kleineren« sozialen Einheit gewährleistet ist. Sie muss, ohne sich direkt einzumischen, für Rahmenbedingungen sorgen und sie so weit sichern, dass die Arbeit in den jeweiligen Subeinheiten in ihrer jeweiligen Eigenlogik ungestört vonstattengehen kann. Gleichzeitig hat sie die Aufgabe, diese »lokale« Autonomie wieder so weit zu konditionieren, dass die Logik des übergeordneten Ganzen greifen kann. Als Beispiele aus dem Wirtschaftsumfeld seien hierfür die schon erwähnten Geschäftseinheiten genannt, die einen eigenen Markt bearbeiten und dabei bestimmte Dienstleistungen, die sie brauchen, nicht am freien Markt zukaufen, sondern auf interne Dienstleistungen zu bestimmten Verrechnungspreisen zurückgreifen. Entsprechend werden dann etwa die Rechnungswesen- und Controllingprozesse nicht nach eigenem Muster gestrickt, sondern bleiben aus Gründen der Vergleichbarkeit in der Logik des übergeordneten Konzerns.

2) Diese Doppelfunktion von Hierarchie (Sicherstellung der Verbindung von Autonomie und Abhängigkeit im Sinne einer konditionierten Autonomie für die Überlebensnotwendigkeit des jeweils größeren sozialen Ganzen) wird ergänzt durch eine weitere wichtige Aufgabe: die »Entblockierung« von Entscheidungen zwischen einzelnen Subeinheiten in den Fällen, in denen aus ihren jeweils in sich nachvollziehbaren, aber miteinander inkompatiblen Eigenlogiken ein wechselseitiges Patt entsteht. Hier muss Hierarchie eingreifen, um diese Blockaden wieder aufzulösen.

Diese spezifische Funktion von Hierarchie ist ein kostbares Gut: Führung tut gut daran, dieses herausgehobene Potential mit Augenmaß einzusetzen – bedeutet doch jeder Rückgriff auf die von der Organisation zur Verfügung gestellten Sanktionsmöglichkeiten einen empfindlichen Punktverlust bei der Frage der Legitimation der Führungsentscheidung im Rahmen der eigenen Autorität. Macht und Autorität vertragen sich nur schlecht. Ist Führung gezwungen, auf die jeder Hierarchie innewohnende Machtkonstellation auszuweichen, hat sie – als Führung – bereits verloren. Starke Wirkung entfaltet sie im Gegenzug, wenn sie bewusst und für jeden sichtbar auf die Möglichkeit hierarchischer Einflussnahme verzichtet und sie genau dadurch als Joker im Spiel hält. Setzt Führung zu häufig auf die Hierarchiekarte, bringt sie sie also allzu leichtfertig ins Spiel (oder setzt sich gar dem Verdacht aus, selbst aufgrund von partikulären [Eigen-]Interessen zu handeln), schwindet ihre Fähigkeit, Entscheidungen auf diese Art zur Geltung zu bringen, in der Regel sehr schnell. Die Folge sind dann unauflösbar verstrickte Auseinandersetzungen zwischen gleichberechtigten Einheiten innerhalb eines Unternehmens, die einen Großteil der Aufmerksamkeit aller Beteiligten vom Markt weg nach innen leiten und damit die Überlebensfähigkeit des Gesamtsystems deutlich schwächen.

Anders als Gruppen oder Netzwerke mit ihren symmetrischen Formen der Vernetzung verfügen Organisationen mit dem Strukturmerkmal der hierarchischen Ebenenunterscheidung also über einen wirkungsvollen Mechanismus, mit der Eigenkomplexität sinnvoll umzugehen und die Kapazitäten immer wieder neu auf die Bewältigung gesellschaftlicher Problemstellungen hin auszurichten, ohne sich (notwendigerweise) darin zu verfangen. Anders als in Organisationen kann in Netzwerken nicht gewährleistet werden, dass bei auftretenden Blockaden Auflösungs- und Entblockierungsmechanismen aktiviert werden, da es hierfür Machtressourcen braucht, die in symmetrischen Konfigurationen nur um den Preis der einseitigen Durchsetzung partikularer Interessen zu mobilisieren sind, der seinerseits wieder mit hohen Folgekosten verbunden ist. Um einen koordinierten Zusammenhang herzustellen, der die Zerfallswahrscheinlichkeiten sozialer Ordnung so weit beruhigt, dass dauerhaft Leistungsprozesse stattfinden, braucht es Organisation und damit auch hierarchische Ebenenunterschiede.

Lässt man sich auf das hier skizzierte Verständnis von Hierarchie in modernen Organisationen ein, wird deutlich, welchen Stellenwert sie für die Gestaltung und Funktion von Organisationen besitzt. Jede Organisation mobilisiert Ebenenunterschiede, da sie auf Subeinheiten angewiesen ist, die bei entsprechenden Differenzierungen wieder miteinander verknüpft werden müssen. Jede Organisation braucht Entscheidungsstrukturen, die dieses Zusammenspiel von Autonomie und Konditionierung herstellen, die die Fokussierung auf die Überlebensnotwendigkeiten dieser unterschiedlichen Einheiten sicherstellen und außer für die Bewältigung des genannten Dekonstruktionsprozesses auch dafür sorgen, dass sich die bestehenden Asymmetrien immer wieder erneuern, die Organisation als solche mit Hilfe ihrer unterschiedlichen Einflusspotentiale überhaupt führbar wird, sofern es der Führung gelingt, für diese Unterschiede die entsprechende Akzeptanz zu mobilisieren.

Im Rahmen dieser Überlegungen scheinen bereits jetzt ein paar wichtige Grundzüge im Führungsspiel auf, die im Rahmen der hier skizzierten Neuverortung von einiger Bedeutung sind. Führung beobachtet demnach nicht nur, was in der Organisation passiert, sondern ist immer auch selbst unter permanenter Beobachtung durch den Rest der Organisation. Diesen Blick muss sie wiederum in ihre Selbstwahrnehmung und -beschreibung integrieren können, denn darin spiegeln sich jene Erwartungen, an deren Umsetzung die Glaubwürdigkeit und Ernsthaftigkeit von Führung bemessen wird. Führung ist damit innerhalb der Organisation verortet und steht keinesfalls – auch wenn sie sich das immer wieder gerne selbst einredet – auf dem bereits zitierten Feldherrnhügel außerhalb des laufenden Geschehens. Mit der Frage nach dem genauen Standort – ob mitten im verschwitzten Getümmel des operativen Geschehens oder eher am Spielfeldrand – werden wir uns im Verlauf unserer Ausführungen noch intensiver beschäftigen müssen.

Aufgaben der Führung

Wir haben zu Beginn dieses Kapitels die Frage nach den Aufgaben von Führung in einem modernen Organisationskontext gestellt. Auf einen Nenner gebracht, lassen sich vier eng miteinander verbundene Aufgaben festhalten, die von einer ausdifferenzierten Führungsfunktion erfüllt werden müssen, wenn sie im Organisationsgeschehen nützlich sein und damit ernst genommen werden will:

- Versorgung mit struktureller Spannung: Jede Organisation ist darauf angewiesen, ihren Routinen der Sicherstellung von Anschlusskommunikation treu zu bleiben. Beobachtet Führung auf Seiten des Systems eine zu geringe Aufmerksamkeit gegenüber den Außenbeziehungen, muss sie mit einem »Nein« den eingefahrenen Routinen gegenüber den Grad an Komplexität notwendigerweise erhöhen. Sie tut das, indem sie Soll-Ist-Differenzen einführt.
- Nachhaltige Überlebenssicherung: Damit die Zukunft der Organisation in einem solchen Prozess wechselseitiger Stimulierung im Innen und Außen nicht gefährdet ist, muss Führung im Innenspiel der Organisation für nachhaltige Überlebenssicherung sorgen. Sie tut das, indem sie Irritation beruhigt und die Bedingung für die Erbringung von Leistung sicherstellt.
- Organisation wirksamer Entscheidungsprämissen: Als Basis einer solchen kontinuierlichen funktionalen Konfrontation der Organisation mit sich selbst muss Führung für wirksame Entscheidungsprämissen sorgen, damit potentielle Operationen erst wirksam werden können. Es geht – um hier eine Metapher aus dem Zen-Buddhismus zu benutzen – darum, »der Kuh eine Weide zu geben, und nicht, ihr zu zeigen, wie sie am besten das Gras frisst«.
- Fokussierung von Aufmerksamkeit: In der Bündelung der Energie der Organisation auf ein Ziel hin organisiert Führung Gefolgschaft und vollzieht eine notwendige Reduktion von Komplexität, die Handlungsblockaden überwindet.

In diesem Spannungsfeld leitet Führung den Spielraum für die Gestaltung ihrer Wirksamkeit ab: In jedem »Nein« der Organisation gegenüber liegt auch eine Provokation der Intelligenz bzw. der kreativen und lösungsorientierten Potentiale der Mitarbeiter. Und jedes »Ja« signalisiert diesen das grundsätzliche Weiterbestehen der eigenen Handlungsfähigkeit und richtet die Aufmerksamkeit auf (selbstgesteckte) Ziele.

Was genau ist nun unter den einzelnen Aspekten zu verstehen?

Versorgung mit Soll-Ist-Differenzen

Führung beobachtet ihr System aus einer privilegierten, exponierten Beobachtungsrolle, und zwar unter folgenden Aspekten: Was fällt auf? Welche Leistungsprozesse werden erbracht im Vergleich zu dem, was im Sinne dieser Organisation geleistet werden müsste angesichts der Anforderungen, denen die Organisation bzw. die jeweilige Organisationseinheit ihre Existenz verdankt? Darin spiegelt sich die Wiedereinführung der Gesellschaft bzw. eines ihrer Funktionssysteme (etwa der Wirtschaft). Dies geschieht zu dem Zweck, das Innere in einen Vergleichsdruck zwischen dem, was ist, und dem, was aus der Perspektive des Ganzen und seiner Funktionstüchtigkeit sein sollte, zu bringen. Führung versorgt das System in diesem Sinne mit einer Grundspannung, die ihre Kraft aus der Differenz von innen und außen bezieht. Über das Management einer solchen »strukturellen Spannung«[8] sichert Führung die Lebensfähigkeit der Organisation, indem sie permanent dafür sorgt, dass sowohl genügend Irritation als auch genügend Routinen im System vorhanden sind und dauerhaften Wandel (oder wandelbare Dauer) ermöglichen. Eine der eingespielten Routinen zur Spannungsversorgung ist das Setzen von Zielen (zunächst einmal: gleichgültig welchen), die die Organisation damit konfrontieren, zwischen den gegebenen Verhältnissen und der Möglichkeit eines zukünftigen Ergebnisses entsprechende Aktivitäten, sprich Entscheidungen festzulegen.

Zu Recht weist Dirk Baecker (2003, S. 257) in diesem Zusammenhang darauf hin, dass bereits diese einfachste Form der strukturellen Spannung voraussetzt,

> »dass im System Ressourcen vorhanden sind, auf konfligierende Erwartungen zustandsändernd zu reagieren. [...] Das Management einer Organisation besteht also nicht bereits darin, der Organisation Ziele zu setzen, sondern es besteht darin, sie zu befähigen, diese Ziele zu errei-

8 Zum Begriff der strukturellen Spannung siehe vor allem Niklas Luhmann (1977, S. 77 ff.); Karl E. Weick (1985, S. 67 ff.); Dirk Baecker (2003, S. 256 ff.).

> chen. [...] Management besteht in allen diesen Fällen darin, die Organisation mit einem Sinn für die Differenz zwischen der Aktualität und der Potentialität ihrer Zustände auszustatten, ohne die aktuellen Zustände als so unzureichend zu markieren, dass jede Hoffnung fahrengelassen wird, potentielle Zustände zu erreichen.«

Was sich zunächst als Markierung einer Selbstverständlichkeit liest, gewinnt vor dem Hintergrund von Erfahrungen der konkreten Managementpraxis eine eindringliche Schärfe. Die (personelle, zeitliche, ökonomische) Ressourcenfrage im Blick zu behalten, wenn man – unter Umständen selbst bereits fremdbestimmt durch die Anforderungen von Shareholdern und Finanzanalysten – dabei ist, anspruchsvolle Ziele (welche sonst?) für die eigene Organisationseinheit zu formulieren, gehört nicht zu den Selbstverständlichkeiten eines auf Effizienz getrimmten Manageralltags. Mit den allfälligen Folgekosten dieser Kurzsichtigkeit umzugehen dann allerdings schon.

Überlebensfähigkeit sichern

Wenden wir uns der nächsten Funktionalität von Führung in Organisationen zu: der Sicherung der Überlebensfähigkeit derjenigen Organisationseinheit, für die die Führung die Verantwortung übernommen hat. Was sich zunächst etwas pathetisch anhören mag, hat im Rahmen der beständig laufenden (Selbst-)Reproduktion sozialer Systeme eine durchaus kritische Komponente. Warum? Abgesehen von der banalen Feststellung, dass die Arbeit an der Überlebensfähigkeit einer Organisation per definitionem überlebenskritisch ist, haben sich doch in den letzten Jahren einige Veränderungen in den Umwelten von Organisationen ereignet, die diese Aufgabe einer besonderen Prominenz aussetzen. Vor allem im Hinblick auf Wirtschaftsorganisationen, d. h. in erster Linie Unternehmen, lässt sich festhalten, dass sich die Voraussetzungen für diese Form der Führungsarbeit grundlegend gewandelt haben. Wie allerdings an der laufenden Diskussion zur Effizienzsteigerung öffentlicher Institutionen und sogenannter Non-Profit-Organisationen abzulesen ist, beschränkt sich dieser Umbruch längst nicht mehr auf die Wirtschaftsunternehmen unserer Zeit. Ob Krankenhäuser, Theater, Kindergärten, Museen oder Bahnhofsmissionen: Die Zumutungen eines höheren Kostenbewusstseins, größerer Marktnähe, flexibler Strukturen und »controlbarer« Ergebnisse machen auch vor diesen Organisationen nicht halt. Inwieweit damit ihre Eigenlogik auf den Kopf gestellt wird, ist trotz (oder besser: wegen?) des massiven Einsatzes von externem Fachberatungs-Know-how à la McKinsey noch nicht wirklich absehbar.

Veränderungen im Umfeld von Organisationen

Um eine Einschätzung für die besonderen Herausforderungen von Führung in dieser Dimension zu bekommen, ergibt es an dieser Stelle durchaus Sinn, sich einen Überblick über die wichtigsten Entwicklungstrends im Umfeld von Organisationen zu verschaffen. Einen ersten Blick auf die gesellschaftlich relevanten Umbrüche in den »Kerninstitutionen« unserer Gesellschaft haben wir ja bereits im ersten Teil unserer Überlegungen geworfen. Zugespitzt auf das Wirtschaftssystem, sollen im Folgenden nur einige Stichworte die Dramatik der Veränderungen andeuten.[9]

Folgt man der einschlägigen Literatur zu diesem Thema, so können wir als eine der wesentlichen Ursachen für die Dynamisierung des wirtschaftlichen Umfelds die Produktion von Überkapazitäten, die seit etwa der Mitte der 1990er Jahre aufgrund der rapide gesteigerten Produktivität in fast allen Branchen zu verzeichnen waren, festhalten. Die in der Folge dramatisch zugespitzte Wettbewerbsdynamik führte zu einem »Hyperwettbewerb« mit zum Teil ruinösen Auswirkungen auf Unternehmen, die nicht willens oder in der Lage waren, mit diesem Tempo Schritt zu halten. Die nach wie vor andauernde Globalisierung der Märkte hat zu einer weiteren Verschärfung beigetragen, da mit den Möglichkeiten einer internationalen Arbeitsteilung, z. B. durch Ausnutzung von Standortvorteilen bei der Produktentwicklung (der Klassiker: die 24/7-Entwicklung von Software durch vernetzte Entwicklungsteams etwa bei *SAP*, die so die Zeitdifferenzen auf unterschiedlichen Kontinenten optimal ausnutzen können), Steu-

9 Ausführliches Material dazu findet sich etwa bei Peter Drukker (klassisch: *Die postkapitalistische Gesellschaft*, 1993), Jonas Ridderstrale und Kjell Nordström (sexy: *Karaoke-Kapitalismus*, 2005, und *Funky Business*, 2000), Tom Peters (gewohnt bildgewaltig: *Re-imagine*, 2004) oder Luc Boltanski und Eve Chiapello (kritisch: *Der neue Geist des Kapitalismus*, 2006). Die Menge der Veröffentlichungen ist allerdings mittlerweile nicht mehr wirklich zu überschauen, da praktisch jedes (beratungsgetriebene) Wirtschaftsbuch mit einem Überblick über die wichtigsten Veränderungen beginnt, um so den eigenen Handlungsanlass (und natürlich auch den Lösungsvorschlag) hinreichend dringend zu machen.

ergestaltung und/oder Outsourcing ganzer Produktionsbereiche in »Billiglohnländer« sowohl die Entwicklung als auch Produktion als auch der Absatz von Produkten eine neue Effizienzstufe erreicht hat. Zu den Treibern dieser Entwicklung haben etwa Christopher Bartlett und Sumantra Ghoshal (1998) zahlreiches empirisches Material zusammengestellt.

Mit der permanenten Steigerung der Produktivität verbunden ist ein wachsender Innovationsdruck, der in den immer undurchschaubarer werdenden Märkten für Unterscheidbarkeit sorgen muss, die sich letztendlich in entscheidenden Wettbewerbsvorteilen niederschlägt: *Time to market* ist eine absolut erfolgskritische Größe geworden. Da auch auf Seiten der Kunden der Wunsch nach individuellen, Distinktionsgewinne sichernden Produkten deutlich gestiegen ist, sind die mit den Mitteln der Massenherstellung hergestellten Kostenvorteile geschrumpft. Unternehmen finden sich mehr und mehr in Situationen vor, die die klassischen Grundstrategien der Marktpenetration ad absurdum führen. Konnte man bis Anfang der 1990er Jahre noch auf zwei Grundlogiken bei der Generierung strategischer Wettbewerbsvorteile zurückgreifen – entweder Kostenführerschaft oder Leistungsdifferenzierung (siehe dazu auch die mittlerweile schon klassischen Ausführungen von Michael Porter zur Wettbewerbsstrategie, 1997) –, gilt seither durch die verschärfte Globalisierung des Wettbewerbs eine »neue Zielharmonie«: hoher Leistungsdruck (Innovation!) bei gleichzeitigem Produktivitätszwang und mindestens gleichbleibender Qualität: »Die eigentliche Herausforderung und das Besondere der gegenwärtigen Konzepte liegen also in dem Anspruch, Zeitgewinne bei gleichzeitiger Verbesserung der Qualität zu erreichen, und sicherzustellen, dass die ergriffenen Maßnahmen noch von Kostensenkungen begleitet sind.«

Die damit verbundene Strategie eines Sowohl-als-auch führte viele Unternehmen an den Rand ihrer Leistungsfähigkeit. Ihre Überraschungsfähigkeit wurde und wird auf eine harte Probe gestellt, da sich durch die wechselseitige Verstärkung aller dieser Entwicklungstrends die Dynamik in einem Ausmaß verstärkt hat, das die Unkalkulierbarkeit der eigenen Umwelt und damit Unvorhersehbarkeit zukünftiger Entwicklungen zu einem echten Problem hat werden lassen.[10] Unternehmen müssen buchstäblich auf alles vorbereitet sein, um in diesem Wettbewerbsumfeld erfolgreich bestehen zu können. Es ist leicht einzusehen, dass diese permanente Aufmerksamkeit für potentiell relevante Herausforderungen zumal in unterschiedlichsten Umwelten (das Stichwort hier lautet: Produktkonvergenz) die interne Verarbeitungskapazität für diese Komplexität zu neuen Höchstleistungen getrieben hat – oder eben nicht: »Get rich or die trying«, wie der amerikanische Rapper *50 Cent* lakonisch bemerkt.

Mit den bereits weiter oben angedeuteten Verschiebungen auf den reibungslos global agierenden Finanzmärkten ist eine weitere »Störgröße« wirksam geworden, deren Konsequenzen für Unternehmen zum Teil erst langsam sichtbar werden. Herausragend dabei sind die Verschiebungen bei der Frage nach der Corporate Governance, d. h. der Festlegung der Kriterien, nach denen ein Management ein Unternehmen steuert und im Konfliktfall auch zu Rate gezogen werden können, damit man der Verantwortung den Stakeholdern (!) gegenüber gerecht werden kann. Mit anderen Worten: In wessen Interesse handelt das Topmanagement, wenn sich Interessenkonflikte zwischen unterschiedlichen Stakeholdern ergeben? Wem gegenüber hat das Management in letzter Konsequenz Verantwortung zu tragen?

In dieser Auseinandersetzung lassen sich zwei grundsätzliche Modelle unterscheiden, die jeweils komplett unterschiedliche Konsequenzen für die Unternehmensführung nach sich ziehen. Im angelsächsisch geprägten Modell gilt fast ausschließlich eine monetäre Eigentumsbegründung der Anteilseigner, d. h., die Maximierung der aus diesem Eigentum resultierenden Vorteile (Shareholder-Value) steht im Mittelpunkt der managerialen Steuerungsbemühungen. Im Zweifelsfall entscheiden hier die (kurzfristigen) Interessen der (wechselnden) Shareholder. Das im europäischen Wirtschaftsraum über lange

---

10 Theoretisch korrekt müsste man auch in diesem Fall die Prämisse der operativen Schließung von Organisationen bzw. sozialen Systemen berücksichtigen. In diesem Fall verkompliziert sich die Sachlage zumindest in ihrer Beschreibung, da wir davon ausgehen müssen, dass »turbulente Märkte nichts anderes sind als Märkte, auf denen einzelne Unternehmen Auswirkungen ihrer eigenen Aktionen als Überraschung erfahren. Turbulenz ist ein Begriff für Rückkopplungen, denen man nicht mehr ansieht, wo sie herkommen.« Wie immer präzise: Dirk Baecker (*Experiment Organisation, Lettre international,* Frühjahr 1994: 22. Inwieweit dies aufgrund der notwendigen Invisibilisierungsstrategien von Organisationen von empirischer Bedeutung ist, sei zunächst dahingestellt.

Zeit bevorzugte Modell geht hingegen von einem Pluralismus der für das Unternehmen relevanten Interessen und einer entsprechenden Einbettung der Unternehmung in ein mehrdimensionales Umfeld aus. Bei stabilen Besitzverhältnissen, hoher Konzentration der Unternehmensanteile und hohem Anteil von Bankkrediten an der Finanzierung – so die Ausgangsbedingungen dieses Modells – kann das Management viel eher als Vermittler dauerhafter Bündnisse zwischen Kapitalgebern und Belegschaft agieren.

Wie immer auch die individuellen wie auch kollektiven Präferenzen bezüglich der beiden Modelle aussehen mögen – nimmt man zur Kenntnis (und was anderes bleibt noch übrig?), dass der globalisierte Kapitalmarkt zunehmend zum beherrschenden Faktor der Unternehmenssteuerung wird, dann hat das »angloamerikanische Modell« gewonnen. Allerdings: Auf die Konsequenzen für die Führung von und in Unternehmen haben wir bereits mehrfach hingewiesen.

Ebenfalls betont hatten wir, dass Gesellschaft und Organisation in einem eng miteinander verwobenen Entwicklungsverhältnis gedacht werden müssen. Es verwundert daher nicht, dass das Durchschlagen dieser Entwicklungen auf die Innenseite der Unternehmen dort für entsprechende Furore gesorgt und zu einem radikalen Umdenken bezüglich zentraler Organisationslehren und Managementkonzepten gezwungen hat. Der Umgang mit den Risiken weitgehend unplanbarer Märkte hat zu einer kompletten Neuorientierung in der Gestaltung von Organisationen geführt, die stärker denn je die »Organisation der Organisation« in den Blick nehmen mussten, um überlebensfähig zu bleiben. Die entsprechenden Stichworte dazu – ausführlicher beschrieben bei Rudolf Wimmer (2004c, S. 103 ff.) – lauten:

- konsequente Geschäftsfeldgliederung und flache, marktorientierte Prozessorganisation, verbunden mit der Delegation unternehmerischer Verantwortung entlang der Wertschöpfungskette (Entscheidungskompetenzen gehen an Arbeitsteams »vor Ort«)
- laufende Geschäftsprozessoptimierung und Umbau der grundlegenden Unternehmensarchitekturen
- Konzentration auf die eigenen Kernkompetenzen
- Aufbau unternehmensübergreifender Netzwerke entlang der Wertschöpfungskette, strategische Allianzen und virtuelle Unternehmungen nach dem Prinzip der Coopetition (dem gleichzeitigen Umgang mit Konkurrenz und Kooperation)

- Einsatz neuer Technologien und, damit verbunden: Beschleunigung und Virtualisierung von Produktionsabläufen und Kooperationsverhältnissen
- laufende Restrukturierungen und permanenter Personalabbau (»Decade of Downsizing«), der zunehmend Mitarbeiter und Führungskräfte gleichermaßen betrifft.

Die Abbildung veranschaulicht den Umbau der organisationalen Architekturen, der in immer rascherem Tempo erfolgte und für erhöhte Irritation, Orientierungslosigkeit und Einbrüche in der Leistungsbereitschaft der Belegschaft sorgte.

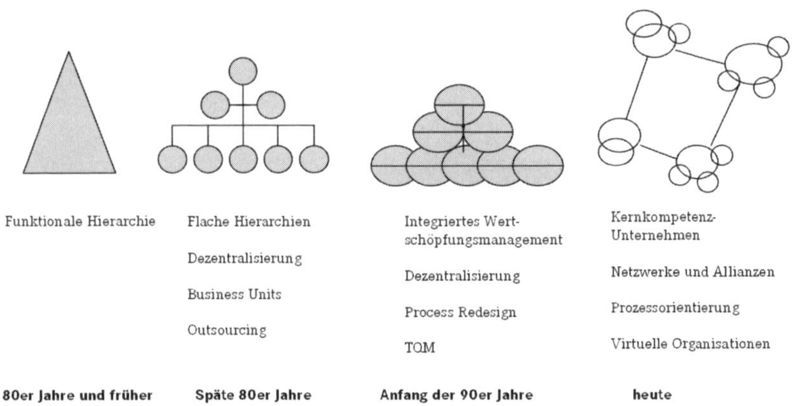

Abb. 2: Organisationsmuster

Als ob dies nicht bereits Herausforderung genug wäre: Auf eine weitere Klemme in der Steuerung der Personalressourcen sei an dieser Stelle dezidiert hingewiesen. Mit der wachsenden Abhängigkeit von ebendiesen Personalressourcen geraten Unternehmen zunehmend in ein Dilemma, da mit den steigenden Anforderungen an intelligente Arbeitsformen und mit der Bedeutungszunahme des Faktors »Wissen« der Bedarf an hochmotivierten und entsprechend autonom agierenden Mitarbeiter und Mitarbeiterinnen steigt, die Rahmenbedingungen für eine optimale Leistungserbringung und auch Bindung an die Unternehmen hingegen deutlich schlechter werden. Wie die Initiative von Leistungsträgern jenseits der vertraglichen Bindung für das Unternehmen nutzbar gemacht werden kann, gehört (neben der Bewältigung der Konsequenzen des demographischen Wandels,

Stichwort: *aging workforce*) zu den anspruchsvolleren Herausforderungen an ein strategisch agierendes Personalmanagement.

An dieser Stelle muss der Hinweis genügen, dass sich hier prinzipielle Veränderungen in den Grundlagen der Bindung von Mitarbeitern und Unternehmen abzeichnen, die unter der Überschrift *retention management* in letzter Zeit für erhöhte Aufmerksamkeit bei den Personalverantwortlichen gesorgt haben. Basis für die wechselseitige Einschätzung eines halbwegs ausgeglichenen Gebens und Nehmens zwischen Unternehmen und Mitarbeiterschaft (auch wenn es manchmal in Vergessenheit zu geraten droht: Führungskräfte sind ebenfalls Mitarbeiter des Unternehmens) ist eine Art »psychologischer Vertrag«. Ein solcher Kontrakt umfasst all das, was Unternehmen und ihre Mitarbeiter de facto als verbindliche gegenseitige Verpflichtungen ansehen und ihrem Handeln zugrunde legen, d. h., es handelt sich dabei um weit mehr als den unterzeichneten Arbeitsvertrag oder die aktuelle Stellenbeschreibung, auch wenn diese natürlich Teil dieser Verpflichtungen sind. Zwei unterschiedliche Logiken lassen sich hierbei ausmachen: relationale und transaktionale Verträge. Während Erstere auf einen langfristigen Ausgleich aller beteiligten Interessen aus sind, geht es bei Letzteren um kurzfristige Übereinkommen, deren Ausgleich mit der jeweiligen Transaktion beendet ist.[11]

Drei Zitate mögen illustrieren, dass in modernen Unternehmen die Zahl der transaktionalen Beziehungen deutlich zunimmt – mit entsprechenden Konsequenzen für das Bindungsmanagement insbesondere bezüglich der Leistungsträger:

> »We are, in effect, all mercenaries now, on hire to the highest bidder, and useful as long as, and only as long as, we can perform«

– so bereits 1994 und damit gewohnt weitsichtig einer der großen Vordenker des Managements, Charles Handy.

Nicht wesentlich später beschreibt ein weiterer großer Theoretiker des Managements den Sachverhalt in seinen Worten:

---

11 Siehe dazu auch Rainer Marr und Alexander Fliaster (2003) sowie der Klassiker Charles Handy (1994, speziell pp. 155 ff.).

»Unfortunately we have created an approach to business management where the human dimension of creativity, curiosity, and a need for belonging to a community have been taken out. Rationality (often defined as self-interest) is the only dimension that gets addressed [...]. There is too much debate about management, too little debate about the totality of the human being«

– so C. K. Prahalad (1995).

In der gewohnten klar-kühlen Form wird dieser Wandel im Beziehungsgefüge der Unternehmen in einem Firmenstatement von *Apple* auf den Punkt gebracht, das bei Peter Capelli (1999) zitiert wird:

»Here's the deal Apple will give you; here's what we want from you: We're going to give you a really neat trip while you're here. We're going to teach you stuff you couldn't learn anywhere else. In return, we expect you to work like hell, buy the vision as long as you're here. We're not interested in employing you for a lifetime. It's a good opportunity for both of us that is probably finite.«

Kommen wir zum Ausgangspunkt unserer Argumentation zurück. Im Mittelpunkt unserer Überlegungen stand die Frage nach den zentralen Aufgaben von Führung. Wir hatten festgehalten, dass die Beschäftigung mit der Überlebensfähigkeit von Organisationen zu den wichtigsten Funktionen gehört – insbesondere dann, wenn sich in turbulenten Zeiten die bewährten Routinen der Überlebenssicherung als zumindest fragwürdig erweisen. Genau in solchen Zeiten ist Führung gefragt, für die Absicherung des Fortbestehens der Organisation Sorge zu tragen.

Sie tut das, indem sie ihre Aufmerksamkeit gleichzeitig in zwei Richtungen lenkt. Zum einen kümmert sie sich – wie bereits beschrieben – um die Wiedereinführung der Differenz von Umwelt und Organisation in die Organisation, indem sie ihren Blick auf die vielfältigen Verflechtungen der Organisation mit ihren relevanten Umwelten richtet und sowohl dort für Aufmerksamkeit und Abnahmebereitschaft für die eigenen Leistungen sorgt als auch die Problemlagen der Umwelt in das Unternehmen hereintransformiert, damit die Organisation in der Lage ist, entsprechende Lösungsangebote zu entwickeln.

In den Innenverhältnissen der Organisation hingegen muss Führung sich darum kümmern, die eingespielten Routinen und Verfahren so weit zu beruhigen und vor dem Irritationspotential der eigenen

Interventionen zu schützen, dass die entsprechenden Kommunikations-, d. h. Entscheidungs-, d. h. Leistungsprozesse stabil ablaufen können. In der Konkretisierung dieser Aufgabe lassen sich dabei hierarchiespezifische Unterschiede ausmachen: Während etwa in Wirtschaftsunternehmen im mittleren Management die Absicherung der entsprechenden Teilprozesse im Vordergrund steht (z. B. Produktion, Controlling, Einkauf, Entwicklung etc.), rückt auf der Ebene des General Management, d. h. der für das Gesamtunternehmen verantwortlichen Führungsfunktion, die Sorge um das Ganze in den Mittelpunkt der Aktivitäten. Hier geht es in erster Linie darum, die Partiallogiken der einzelnen Teilbereiche der Organisation so miteinander zu verknüpfen, dass ein Optimum für die Gesamtorganisation entsteht. Mit dem Augenmerk auf dem Gesamtzusammenhang der Überlebenseinheit unterscheidet sich General Management von den darüber (besser: darunter) hinaus ausdifferenzierten Führungsfunktionen im Rahmen asymmetrischer Differenzbildung. Wir werden auf diese Differenz etwas später noch zurückkommen.

Folgt man den skizzierten Entwicklungstrends in den relevanten Umwelten von Organisationen und akzeptiert die Zunahme jeweils autonomer Teillogiken, die sich in der Auseinandersetzung mit diesen Veränderungen im Rahmen der Ausdifferenzierung spezifischer Funktionen ergeben (Stichwort im Wirtschaftsbereich: Geschäftsfeldgliederung), stellt sich im Hinblick auf die Arbeit an der Überlebenssicherung unweigerlich die Frage, wie diese miteinander oft nicht kompatiblen Entscheidungszusammenhänge im Sinne eines Gesamtoptimums gesteuert werden können. Wir sprechen hier bewusst von »Steuerung«, da an ein »Lösen« dieser Konflikte nicht zu denken ist. Vielmehr muss man davon ausgehen, dass diese Konflikte systemimmanent sind, d. h. mit dem Prozess der eigenen Ausdifferenzierung fix in die Organisation eingeschrieben werden. Hier kann es konsequenterweise nur um Konfliktpflege, nicht mehr um Konfliktlösung gehen. In dem Sinn kann man Manager durchaus als Pflegekräfte ansehen, die sich der konstruktiven Bearbeitung dieser Widersprüche und Paradoxien verschrieben haben.

Wir hatten bereits erwähnt, dass die Folgekosten des Versuchs, das Problem solcher strukturellen Konflikte mit den Bordmitteln der klassischen Hierarchie zu lösen, recht hoch sind, da Führung im rein hierarchischen Zugriff den Verlust der eigenen Autorität und damit

Legitimationsbasis riskiert. Welche Möglichkeiten bleiben Führung also, vor diesem Hintergrund ihrer Aufgabe gerecht zu werden? Wie, mit anderen Worten, lassen sich relativ eigenständige Einheiten auf ein bestimmtes Ziel hin koordinieren? Die Frage der Folgebereitschaft und damit grundlegenden Basis für die Wirksamkeit aller Führungseingriffe wird uns weiter unten noch näher beschäftigen. Unter dem Aspekt der Beruhigung von Irritationen und Sicherstellung laufender Verfahren sind es vor allem Prozesse der Vergemeinschaftung und Sinnstiftung, die diese Funktion der Überlebenssicherung ermöglichen.

Strategiearbeit als Führungsleistung

Eine dieser Möglichkeiten, über regelmäßig und gezielt angesteuerte »Auszeiten« einen Prozess der Selbstvergewisserung am Laufen zu halten, ist die Arbeit an den zukünftigen strategischen Prämissen der Organisation. Wimmer und Nagel (2002) haben darauf hingewiesen, dass der Strategieprozess, verstanden als gemeinschaftliche Führungsleistung und damit in Abgrenzung zu den immer noch üblicheren Expertenansätzen und dem Prozess der strategischen Planung[12], eine voraussetzungsreiche, aber durchaus wirkungsvolle Möglichkeit ist, zumindest auf Zeit die Unsicherheiten bezüglich der eigenen Zukunft im Verhältnis zu den jeweils relevanten Umwelten einer Organisation ruhigzustellen. Gestützt durch entsprechende Instrumente, werden in der gemeinsamen Auseinandersetzung über jeweils sinnvolle (Selbst-)Festlegungen auf zukünftige Optionen die Kontingenz und prinzipielle Unplanbarkeit der Zukunft auf ein handhabbares Maß reduziert. In der Begrenzung der eigenen Aktivitäten auf einen bestimmten Ausschnitt der relevanten Umwelt findet sich ein weiterer, höchst effizienter Mechanismus der Ruhigstellung von Organisationen. Etwa die Konzentration auf (und entsprechende Ressourcenallokation an) Kernkompetenzen schafft ein entsprechend eingeschränktes Suchraster für mögliche Optionen im Umfeld und ist selbstredend nicht risikofrei zu haben. Tom Peters etwa wird schon seit einigen Jahren nicht müde, etwa in seinem bereits 1987 erschienenen Bestseller *Thriving on chaos* auf die Überraschungsfähigkeit als zentrale Ressource von Organisationen zu verweisen. Unter chaoti-

12 Zum »rise and fall of strategic planning« siehe insbesondere Henry Mintzberg (1999).

schen Umweltbedingungen ist die Offenheit gegenüber allem Möglichen eine durchaus angemessene Überlebensstrategie. Auf die Kosten der daraus folgenden Komplexitätssteigerung brauchen wir nun nicht mehr hinzuweisen.

All diese Möglichkeiten zur Selbstberuhigung der Organisation setzen voraus, dass Führung ihre prominente Stelle im Organisationsgefüge mit einem Selbstverständnis ausfüllt, welches sich eher in Richtung Moderation oder Containment für diese Prozesse entwickelt. Wir werden im nächsten Kapitel in unserer Argumentation explizit auf dieses (neue) Führungsverständnis eingehen.

Zusammenfassung

Fassen wir unsere Überlegungen bis hierhin zusammen: Einer semipermeablen Membran gleich tariert Führung die unterschiedlichen Anforderungen dieser beiden Perspektiven von Irritieren und Beruhigen immer wieder neu aus. Zu viele Routinen schaffen Sicherheit nach innen, machen aber blind für die (dynamischen) Anforderungen in den relevanten Umwelten. Nichts ist gefährlicher für Organisationen als der Erfolg der Vergangenheit. Hier ist Störung bzw. gezielte Irritation angesagt – mit dem Ziel, das Selbstschließungspotential jeder sozialen Einheit immer wieder neu zu durchbrechen. Es gilt aber auch: Zu viel Irritationen (oder zu wenig Routinen) schaffen zwar innen Unruhe (und damit Aufmerksamkeit für potentielle Chancen und Risiken), gefährden aber gleichzeitig die zuverlässige Abwicklung von Leistungsprozessen. Die jeweilige Einheit ist in dem Fall hauptsächlich damit beschäftigt, stabile Bezüge herzustellen, um nicht permanent mit der Justierung oder Neuerfindung ihrer Produkte oder Dienstleistungen von ihrem eigentlichen Zweck abgelenkt zu werden. Führung muss hier beruhigen und die geeigneten Kontextbedingungen (Stichwort: »Wir machen den Weg frei«) sicherstellen, um die notwendigen Prozessroutinen zur Leistungserbringung auf Dauer und damit auf verlässlichen Output zu stellen. Es ist sicher eine der größeren Herausforderungen für Führung, geschickt zwischen diesen beiden Polen zu oszillieren, ohne sich selbst darin zu verlieren. Die Trivialisierung der Verhältnisse (etwa durch das Herstellen von fingierter Berechenbarkeit und linearer Ursache-Wirkungs-Verkettungen) stellt immer wieder darauf ab, die Eigenkomplexität der Organisation auf ein funktionales, den Leistungsanforderungen entsprechendes Maß zu reduzieren. Und gleichzeitig muss dies unter nichttrivialen Aspekten beobachtet werden, da die behaupteten »einfachen Verhältnisse« bei weitem nicht so einfach sind, wie Führung versucht, es sich selbst und ihrer Gefolgschaft weiszumachen.

Auf der Suche nach einem Bild, einer Metapher für den hier beschriebenen Sachverhalt ist uns die Funktion der Hexe in den Sinn gekommen. Dieses Bild bringt diesen Balanceakt facettenreich auf den Punkt. Etymologisch lässt sich das Wort »Hexe« auf das althochdeutsche *hagzissa* oder *hagazusa* zurückführen. Das Wort bezeichnet eine Gestalt, die auf einem Zaun *(hag)* sitzt. In der Sprachwurzel steckt ebenfalls »Hecke«, im Mittelalter der Zaun, der das Dorf von der unzivilisierten Wildnis, dem Wald, trennte. Auf dieser Hecke sitzt – als Symbol der Verbindung von innen und außen – die Hexe, die weder ganz zum Wald noch ganz zum Dorf gehört. Ähnlich wie Führung ist diese Symbolgestalt damit genau auf dieser Grenze zwischen innen und außen positioniert – eine Position übrigens, die – um ein anderes Bild zu wählen – wie jedes Gleichgewicht nur in der Bewegung stabil gehalten werden kann. Den Hexen des Mittelalters gleich, balanciert Führung also auf dem schmalen Zaun, der das Bekannte vom Unbekannten (sowohl in zeitlicher als auch räumlicher Hinsicht) trennt, und versorgt das jeweilige System mit genau dem Ausmaß an Neuigkeiten, das es braucht, um nicht Opfer seiner eigenen Routinen zu werden.[13]

Interessant ist in diesem Zusammenhang auch die Perspektive, die vor allem in der amerikanischen Literatur zu diesem Aspekt von Führung gezeichnet wird. Im Unterschied zum Management wird mit dem Begriff »Leadership« noch deutlicher die Funktion einer Orientierungsleistung des Gesamtsystems in Richtung Zukunft (Stichwort: Vision) assoziiert. In diesem Sinne sorgt Leadership etwa für Folgebereitschaft hauptsächlich bei schwierigen, d. h. identitätsgefährdenden Aufgabenstellungen (etwa bei aufwendigen Changeprozessen).[14] Die Aufgabe des Managements besteht dagegen mehr in der Anwendung von technisch fixierten bzw. reproduzierbaren Abläufen: etwa für die Budgetplanung zu sorgen, gewisse Führungsvorgaben im Sinne der Zielvereinbarung zu exekutieren, für bestimmte

13 Siehe dazu Fritz B. Simon (1992, S. 98). Ausführlicher auf die Implikationen der Dualität von Zivilisation und Wildnis geht Hans-Peter Duerr (1985) ein. Nach wie vor der strukturfunktionalistische Klassiker dazu: die Arbeiten des Ethnologen Claude Levi-Strauss (etwa 1968).

Kontrollen im Gesamtverbund zu sorgen etc. Das dazugehörige Managementwissen und die Kenntnis der verschiedenen Tools und Techniken sowie deren Implementierungsfähigkeit ergänzen diese Dimension als Handwerkszeug.

Entsprechend scharf verläuft dann auch die Differenzierung der handelnden Akteure: auf der einen Seite hemdsärmelige Praktiker, die bereit sind, die entsprechenden Programme effizient umzusetzen, und auf der anderen Seite Leader, die für Überblick sorgen, visionär in die Zukunft schauen und das entsprechende Zutrauen mobilisieren, indem sie signalisieren, die Dinge im Griff zu haben, die Mitarbeiter um sich scharen und ihnen eine Vorstellung vom »richtigen Kurs« vermitteln. In vielen Fällen korrespondiert dieses Leadership-Verständnis mit den Größenvorstellungen einzelner Topmanager, die sich gerne als »Leuchttürme« ihres Unternehmens definieren und die Alltagsanstrengungen einer nachhaltigen Umsetzung ihrer Visionen oft den nächsten Ebenen überlassen.

Insbesondere die internationalen Business Schools haben sich diese Unterscheidung zu eigen gemacht und vermitteln in ihren Programmen und Angeboten zu Führungskräftequalifizierung immer wieder diese Vorstellungen einer mit visionären Aufgaben betrauten und damit tendenziell überhöhten Leadership – mit zum Teil problematischen Konsequenzen, auf die etwa Henry Mintzberg in zahlreichen Publikationen kritisch hinweist, zuletzt sehr pointiert 2004.

Nicht zuletzt dadurch ist diese Form der Unterscheidung zumindest in der gängigen Beratungsliteratur weitgehend Common Sense geworden und beeinflusst so die Managementpraxis in zumindest den englischsprachigen Ländern. Verweigert man sich allerdings der persönlichen Zuschreibung dieser unterschiedlichen Aspekte von Führung und entgeht damit der latenten Abwertung jeweils einer dieser Komponenten, lassen sich darin durchaus Momente unserer funktionalen Betrachtung erkennen, mit der wir die Aufgaben von Führung in den Blick genommen haben.

---

14 Siehe etwa John Kotter (1996). Einen guten Überblick über die amerikanische Diskussion zur Führungsthematik bieten darüber hinaus die Sammelbände des Harvard Business Review (Goleman et al. 2001; Mintzberg et al. 1998) sowie die von Frances Hesselbein et al. herausgegebenen Veröffentlichungen der *Drucker Foundation* (z. B. 1996). In dieser Hinsicht radikal zugespitzt Noel Tichy und Mary Anne Devanna (1986). Deutlich nachdenklicher hingegen: Ronald A. Heifetz (2000).

Für (wirksame) Entscheidungsprämissen sorgen

Wir kommen zu einer weiteren zentralen Aufgabe von Führung: dem Setzen wirkungsvoller Entscheidungsprämissen. Was ist damit gemeint? Auch hier müssen wir wieder ein wenig ausholen, um diese Aufgabenstellung in ihrer Tiefenschärfe zu erfassen. Ausgangspunkt ist hierfür wieder ein systemtheoretischer Blick auf die Verhältnisse in Organisationen. Fragt man sich aus dieser Perspektive, wie die bereits weiter oben beschriebene Verkettung von Entscheidungen im Hinblick auf die laufende (und Ungewissheit absorbierende) Verengung des kontingenten Möglichkeitshorizonts funktionieren kann, stößt man unweigerlich auf Voraussetzungen, die bei ihrer Verwendung nicht mehr geprüft werden müssen und so die Bedingung für eine weitere nützliche Paradoxie in der Organisation darstellen: den Komplexitätsaufbau durch die Reduktion von Möglichkeiten: »Organisationen ermöglichen sich die Erzeugung interner [...] Komplexität durch die Entscheidung über Entscheidungsprämissen für weitere Entscheidungen«, so Niklas Luhmann (2000, S. 222).

Stellen wir uns zunächst die Frage, worin der Mehrwert der Unterscheidung von Entscheidungen und Entscheidungsprämissen besteht. In dem Moment, da die Organisation Gefahr läuft, im Selbstwiderspruch der Wiedereinführung der Unterscheidung von System und Umwelt ins System heiß zu laufen, kühlen Entscheidungen über Entscheidungsprämissen den Prozess des Oszillierens zwischen Selbst- und Fremdreferenz ab. Sie tun dies, indem sie (natürlich wieder revidierbare – auch Entscheidungen zu Entscheidungsprämissen sind Entscheidungen) Leitlinien zur Verfügung stellen, die das ständige Befragen der Einzelentscheidung unterbinden und damit Raum geben für die noch unbestimmten Folgeentscheidungen. Die Organisation setzt sich damit in die Lage, Anschlussentscheidungen vorzunehmen, ohne dabei jedes Mal die Grundlagen der vorherigen Entscheidung mit prüfen zu müssen. Mit anderen Worten: Ohne eine solche Verdichtung der Entscheidungszusammenhänge würde die Organisation an der Unsicherheit jeder einzelnen Entscheidung verzweifeln und somit nicht vom Fleck kommen.

Die abstrakten Formulierungen werden klarer, wenn man sich vor Augen hält, welche konkreten Entscheidungsprämissen einer Organisation zur Verfügung stehen. Es handelt sich dabei in erster Linie um die bestehenden Kommunikationswege, durch die festgelegt ist, wer mit wem wie zu interagieren hat (der reguläre »Dienstweg«). Andere Entscheidungsprämissen können Programme sein, die situationsübergreifend über die Dinge, die zu tun sind, entscheiden (der »Betriebszweck«). In diesem Sinn können auch Führungskräfte als Entscheidungsprämissen bezeichnet werden, da sie über Personalressourcen entscheiden, wonach dann bestimmte Personen bestimmte Aufgaben zu erledigen haben. Wie an diesen Beispielen zu sehen ist, geht es bei dem Einsatz von Entscheidungsprämissen immer darum, die Organisation vor dem Dauerstress laufend zu tätigender Entscheidungen zu bewahren, die die gesamte Organisation überfordern und damit handlungsunfähig machen würden.

»Ich entscheide gerne, möchte aber selbst einerseits ein Schwungrad sein und andererseits viele Schwungräder um mich herumhaben. Wenn sechs oder sieben ausgezeichnete Leute am Tisch sind, kriegt das eine Eigendynamik und es kommen Ideen zu Tage, die ich alleine oder zusammen mit nur einem Mitarbeiter gar nicht gehabt hätte. Ich arbeite in einem Netz von Wissensmitarbeitern, nicht in einer starren Hierarchie. Wenn man auf der einen Seite zieht, geschieht auch auf der anderen Seite etwas. Ich gebe Energien ab, und meine Leute nehmen Energien auf. Wenn jemand viel Energie abgibt, kann er auch aufnehmen, sonst sitzt er einfach da und arbeitet von 8 bis 17 Uhr und macht seinen Job. Aber die Konkurrenz ist heute so stark, dass das einfach nicht mehr reicht. Es muss mehr Bewegung da sein. Wenn das alles sich nur in engen Bandbreiten bewegt, ist das sehr schwierig« (Antoinette Hunziker-Ebneter, Forma Futura Invest AG Zürich).

Wenn Führung aufgefordert ist, für das Zustandekommen wirksamer Entscheidungsprämissen zu sorgen, so bedeutet das nichts anderes, als sich darum zu kümmern, die nicht mehr zu hinterfragende (aber prinzipiell hinterfragbare) Grundlage für Einzelentscheidungen so abzusichern, dass in Ruhe gearbeitet, d. h. im jeweiligen Einzelfall so (und nicht anders) entschieden werden kann. Auch für Führung selbst ist die Besinnung auf die Bereitstellung wirksamer Entscheidungsprämissen hilfreich, da sie damit das Risiko minimiert, sich in Zugriffen auf Einzelentscheidungen zu verheddern und so dem operativen Fluss des Geschehens im Weg zu stehen.

An dieser Stelle sei nochmals unsere Zen-Metapher bemüht, die die Funktion von Entscheidungsprämissen in der Reduktion auf das Wesentliche zum Klingen bringt: Die Aufgabe von Führung besteht darin, den Kühen eine Weide zu geben – und nicht, ihnen zu zeigen, wie man Grass frisst. Und in der Tat gibt es etliche Hinweise für die Gefährdung von Führungskräften, ihre Mitarbeiter von der Arbeit abzuhalten – so etwa die Beobachtung, dass in Produktionsbetrieben die

Nachtschicht trotz schwierigerer Ausgangsbedingungen oft produktiver ist als die Tagschicht; auf der Suche nach Ursachen bekommt man vor Ort recht häufig die Antwort, dass während der Nachtschicht die Führung komplett abwesend ist, was die Arbeiter in die Lage bringt, sich für das Ergebnis ihrer Arbeit – etwa bei auftauchenden Störungen – verantwortlich zeigen zu können bzw. müssen.

Ohne dass an dieser Stelle auf die weiteren Implikationen von Entscheidungsprämissen eingegangen wird (hier böten sich etwa die Aspekte der Planung als Entscheidung über Entscheidungsprämissen an oder ihre Koordination durch Stellen als inhaltsleere Platzhalter für jeweils auswechselbare Komponenten, soll noch kurz auf einen Sonderfall dieser Entscheidungsprämissen verwiesen werden: die Unternehmenskultur.

Auszeit: Organisationskultur

Als »unentscheidbare Entscheidungsprämissen« adressiert, entmystifiziert und dekonstruiert Niklas Luhmann ganz en passant einen der Lieblingsspielplätze beraterischer Interventionen, indem er auf die latente Funktion von Entscheidungen verweist, die nicht mehr Entscheidungen zugerechnet werden. Die Funktion von Unternehmenskultur – definiert als nicht mehr in der Erinnerung vorhandene Entscheidungen über Entscheidungsprämissen – besteht aus Sicht der modernen Systemtheorie darin, die Integration der Organisation über alle bestehenden Widersprüche hinweg zu ermöglichen. Dafür haben sich in der Organisation allgemeine und damit immer auch mehrdeutig adressierbare Grundelemente (z. B. Werte) herauskristallisiert, die gerade wegen ihrer Mehrdeutigkeit von allen Beteiligten akzeptiert werden können. Es fällt damit nicht schwer, sich zugehörig zu zeigen, ohne sich dabei allerdings festlegen zu müssen (und damit an Wendigkeit zu verlieren). Nochmals: Organisationskulturen entstehen im fortlaufenden Prozess des Organisierens – und sind damit das Spezifische, Besondere einer jeden Organisation. Organisationskultur hat man also nicht, man ist sie! Der Luft gleich, die man atmet (»So machen wir das hier bei uns«), sind Organisationskulturen der Garant für den Zusammenhalt einer Organisation – gerade weil man sie nicht ständig thematisiert. Gefestigt und reproduziert durch den ständigen Tratsch und Klatsch der alltäglichen Geschäftigkeit, entsteht das Selbstverständliche (und Selbstverständnis) des Zusammenhalts über bestehende Differenzen und (strukturelle) Konflikte hinweg (»Ja, wir hier bei Bosch ...«). Nichts kann dabei mehr nerven als der ständige Hinweis bei jedem Atemzug: Achtung, Atem! Präziser ausgedrückt: Jeder Zweifel an der (eigenen) Organisationskultur wird als Provokation aufgefasst und Personen zugerechnet, wodurch diese entmutigt werden. Das stabilisiert die Alltagskommunikation.

Doch nicht genug: Als »Gedächtnis« der Organisation bewahrt Kultur – Sedimentschichten gleich – die sich herausentwickelten impliziten Spielregeln (inklusive ihrer sämtlichen Verletzungen) und sorgt so für ein gewisses Trägheitsmoment in Organisationen. Es entsteht so etwas wie ein »Orientierungsvorrang« am jeweils Gegebenen, der Top-down-Veränderungen deutlich erschwert: Gehör findet in dem Fall nur der, der im Konsens des Bestehenden handelt. Eine klare Absage also an allzu forsche Change Manager, die glauben, mit ein paar markigen Kernbotschaften das latente Gefüge des Zusammenspiels ihrer Organisation aus den Angeln heben zu können. Und dito an die emsigen Bestrebungen aufrechter Berater und Beraterinnen, die im Rahmen von großaufgesetzten Kulturprogrammen ebendieses Zusammenspiel nachhaltig zu verändern versuchen. Hier gilt es, sich konsequent zwei praktische Einsichten ins Gedächtnis zu rufen, die sich direkt aus der (system)theoretischen Beschäftigung mit Organisationen ableiten lassen.

- Bezogen auf Interventionsstrategien, ist Organisationskultur eine abhängige Variable, d. h. Folge von Kommunikation, nicht ihre Ursache. Wann immer über wirkungsvolle Veränderungen nachgedacht wird, lohnt es sich, entscheidbare Entscheidungsprämissen in den Blick zu nehmen, anstatt sich an der bestehenden Kultur die Zähne auszubeißen – manchmal allerdings kann genau dies gewollt sein: Organisationen entwickeln oft genug hochintelligente und faszinierend fintenreiche Spielzüge, um sich den Zumutungen eines brachial daherkommenden Wandels zu entziehen – manchmal zu ihrem Guten, manchmal auch zu ihrem Schlechten.
- Organisationskultur kann ganz ausgezeichnet als Adresse für den diffusen Verdacht benutzt werden, dass etwas im eigenen Laden nicht in Ordnung ist – und zum Beispiel über Anweisung nicht gelöst werden kann. Wenn es darum geht, diesem (oftmals ja gar nicht so trügerischen) Gefühl intensiver nachzugehen, ist das Aufsetzen von Maßnahmen zur Verbesserung der

Unternehmenskultur kein probates Mittel dafür, tatsächlich Aufklärung zu erreichen. Solche Programme (oft und gern flankiert von Aktivitäten zur Verbesserung der internen Kommunikation) bekommen leicht absurde Züge, deren inszenierter Charakter spätestens dann entlarvt wird, wenn die farbenfrohen Broschüren zu Unternehmenswerten wieder im Papierkorb landen und die (mit leisem Unbehagen und umso lauterer Verve) beschlossenen Aktivitäten sang- und klanglos eingestellt werden (bis wieder eine neue Sau durchs Dorf getrieben wird). Oft genug hat sich die Organisation aber auch an dieses Spiel gewöhnt und lässt sich nur mehr ein Schulterzucken abringen, bevor sie sich wieder der eigentlichen Arbeit zuwendet. Eine präzise Organisationsdiagnose, die sich nicht scheut, die oftmals offensichtlichen, aber unbequem anzusprechenden Sachverhalte auf den Tisch zu legen und dabei auch die durchaus liebgewonnenen Tabus der gängigen Organisationsspiele zur Sprache bringt, entwickelt deutlich mehr Tiefenwirkung als unscharfe, aber grandiose Maßnahmenpakete zur Optimierung der Organisationskultur – auch hier immer unter dem Vorbehalt, dass Wirkung nicht nur zufälliges Nebenprodukt von Führungsentscheidungen ist (»Oops! ... I did it again«), sondern ernsthaft intendiertes und damit begründbares Veränderungsmanagement.

Fassen wir unsere Überlegungen zum »Mysterium Organisationskultur« zusammen: Wir hatten argumentiert, dass die Funktion der Organisationskultur in erster Linie in der Stabilisierung des laufenden Organisationsgeschehens besteht. Diese stabilisierende Wirkung geht in dem Moment verloren, da sie zum Gegenstand von Kommunikation gemacht und damit kontingent gesetzt, d. h. dem Risiko der Annahme oder Ablehnung ausgesetzt wird. Ab dem Zeitpunkt, zu dem sich die Organisation an die verdeckt mitgeführten Entscheidungsprämissen erinnert (bzw. erinnert wird – etwa indem versucht wird, die Mehrdeutigkeit von Organisationskultur in steuerbare Eindeutigkeit zu transformieren: »... darf ich vorstellen: unsere Soll-Kultur«), setzt ein unaufhaltsamer Erosionsprozess in der Stabilisierung der Alltagskommunikation ein, der riskiert, die »guten Absichten« bei der Beschäftigung mit der Unternehmenskultur in ihr glattes Gegenteil zu verkehren; einer der wie immer frappanten Belege für die Behauptung, dass das Gegenteil von »gut« nicht »schlecht«, sondern »gutgemeint« ist. Es ist wie bei der Geschichte vom Tausendfüßler, der erst durch den bewundernden Hinweis auf die Ästhetik seiner Fortbewegung oder den Ratschlag bezüglich einer möglichen Optimierung seiner Effizienz in Stolpern gerät – übrigens eine wunderbare Allegorie auf die Form von Beratung, die die Ursache für ihre Aktivitäten eigens so einrichtet, dass es tatsächlich etwas zu tun gibt: Wie, bitte schön, darf das Problem lauten, für das wir hier die Lösung haben ...

Mit anderen Worten:

> »Für Zwecke interner Kommunikation bleibt Organisationskultur unsichtbar, und es wäre unzweckmäßig, ja Verdacht erregend, wollte man sie formulieren. Ein Management, das sich um ›Organisationskultur‹ bemüht, und sei es nur im Bemühen um etwas Farbe, würde Misstrauen erwecken – etwa dies: dass Organisationskultur der Selbstdarstellung des Führungspersonals dient oder dass sie ein Mittel der Erzeugung unbezahlter Motive ist«

– so Niklas Luhmann (2000, S. 243) in seinen Überlegungen zu *Organisation und Entscheidung.*

In leichter Abwandlung der hier vorgestellten Funktionalität von Führung sollte es bei der managerialen Beschäftigung mit der eigenen Organisationskultur also eigentlich darum gehen, für das Zustandekommen *un*wirksamer Entscheidungsprämissen zu sorgen, dass so die fraglos gemachten und damit eingespielten Routinen der Organisation nicht über Gebühr strapaziert werden. Davon ausgenommen sind freilich die Fälle, in denen Führung bewusst auf Irritation, auf das Auftauen festgefrorener Verhältnisse setzen muss. Sie sollte sich dabei nur bewusst sein, an welchen identitätskritischen Stellen dann das manageriale Instrument der Interventionen angesetzt wird.

Fokussierung von Aufmerksamkeit

Kommen wir zum letzten Punkt unserer Ausführungen bezüglich der Hauptaufgaben von Führung. Ganz offensichtlich besteht eine zentrale Aufgabe von Führung in der Bündlung von Energie auf die Erreichung eines Ziels. Dies geschieht in Organisationen durch den bereits beschriebenen Prozess der Festlegung einer Zukunftsoption (eines Ziels) qua Entscheidung. Führung kann dort (durch die Segnungen der Asymmetrie) durch ihre Entscheidung bestimmte Themen prominent setzen und erhöht damit die Wahrscheinlichkeit von entsprechenden Folgeentscheidungen bzw. Aktivitäten.

> »Führung heißt, der Organisation ein Bild der von ihr in Entscheidung umgesetzten Ungewissheit zur Verfügung zu stellen, damit Anschlussentscheidungen getroffen werden können, die die Organisation reproduzieren«,

heißt es dazu bei Dirk Baecker (2003, S. 285). Was sich zunächst recht einleuchtend und komplikationsfrei gibt, hat bei näherem Hinsehen einige Finessen, die wir uns im Folgenden anschauen wollen.

Auch hier wollen wir zunächst mit der Brille der Systemtheorie ansetzen, um einen ausreichend komplexen Blick für die im Rahmen dieser Aufgabe eigentlich anstehenden Führungsherausforderungen zu gewinnen. Wenn wir gemäß dieser Blickschärfung davon auszugehen haben, dass jede Entscheidung die Kontingenz, die sie durch ihre Setzung aufhebt, im gleichen Atemzug wieder mit sich führt, und dass damit die Organisation durch das Absorbieren von Unsicherheit die Komplexität erzeugt, die sie am Leben erhält, und dass es des Weiteren für die Ausdifferenzierung von Organisationen von großer Bedeutung ist, sich in Widerspruch zu den eigenen Entscheidungen setzen zu können, weil nur so Variationen ins Spiel kommen – dann stellt sich für Führung die Frage, wie es ihr gelingt, den notwendigen und stets mitlaufenden Widerspruch zu ihren Entscheidungen so zu gestalten, dass er für die Überlebensfähigkeit der Gesamtorganisation produktiv gemacht werden kann.[15]

Mit anderen Worten: Die Kunst der Führung besteht darin, die Herausforderung ihrer Autorität durch die Artikulation von Widerspruch so zu transformieren, dass daraus eine Stärkung ihrer Einflussbasis erwächst und die Legitimation ihrer Entscheidungen nicht geschwächt wird. Wir hatten schon mehrmals darauf hingewiesen, dass der Rückgriff auf die (hierarchische) Positionsmacht von Führung (die ja in formalen Organisationen – im Unterschied etwa zu Gruppen oder Netzwerken – durchaus gegeben ist) dafür kein proba-

15 Niklas Luhmann (1975): *Über die Funktion der Negation in sinnkonstitutionierenden Systemen*, zitiert in Dirk Baecker (2003, S. 278).

tes Mittel darstellt, da dadurch der für die Weiterentwicklung der Organisation notwendige Widerspruch gleichsam mundtot gemacht wird. Wie also gelingt es Führung, das beständige Wechselspiel von Zustimmung (»Ja«) und Widerspruch (»Nein«) für sich – und damit für die Organisation – fruchtbar zu machen?

Dirk Baecker (2003, S. 276) weist in seinen Überlegungen zu Management und Führung in Organisationen darauf hin, dass bereits in der entsprechenden Wahrnehmung des Widerspruchs ein Schlüssel für seine produktive Nutzung liegen könnte. In dem Maße, in dem Widerspruch als störend, überflüssig oder gar zufällig begriffen wird, wird die Chance verspielt, sein Potential für die weitere Ausdifferenzierung der Organisation zu nutzen. Jedes »Nein«

> »operiert näher an den tatsächlichen Systemzuständen, als sich dies das ungleich willkommenere und daher auch vielfach ermutigte Ja vorstellen kann. Das Nein schaut hin, das Ja schaut weg.«

In diesem Sinne ist der Widerspruch ein konstitutives Element für jede Art von Entwicklung (besser, da teleologiefrei: Differenzierung). Rechnet man das »Nein« entsprechend der Organisation zu und ringt sich damit zu einer selbstverständlichen Akzeptanz durch, verliert die Präsenz des Widerspruchs an Bedrohlichkeit. Der Umgang mit dem »Nein« – von Dirk Baecker übrigens dem Management, nicht der Führung zugerechnet – zersetzt trotz der Herausforderung der getroffenen Entscheidung nicht die Autorität der Entscheidungsinstanzen, wenn dieses »Nein« – als Bedenken reformuliert – von der tatsächlichen Entscheidung abgekoppelt wird. Man lässt sich Zeit, die Bedenken zu Wort kommen zu lassen, um dann, zu einem geeigneten Zeitpunkt, eine Entscheidung zu treffen, die die Bedenken mitführt und so auf Zustimmung und Gefolgschaft hoffen kann, auch wenn sie in das »Ja« nicht völlig eingearbeitet wurden. Mit anderen Worten:

> »Management ist [...] eine Systematisierung des ›Nein‹ zwecks Konditionierung eines andernfalls viel zu riskanten ›Ja‹« (Baecker 2003, S. 279).

Im Gegenzug arbeitet *Führung* daran, den Widerspruch über die Organisation hinweg in ein »Ja« zu verwandeln, stets damit rechnend, dass nichts unwahrscheinlicher ist als das Gelingen dieses Unterfangens. Warum ist dieses Geschäft der Führung in den letzten Jahren so viel anspruchsvoller geworden? Ein Hauptgrund dafür liegt unter anderem in der dramatischen Zunahme von strukturell angelegten Zielkonflikten in Unternehmen, die wiederum dem bereits mehrfach beschriebenen Umbau der klassischen Funktionslogik dieser Organisationsform geschuldet ist. Aufgrund der immer deutlicher sichtbar werdenden Einschränkungen der funktionalen Organisation im Kontext von zunehmend undurchschaubaren, instabilen Märkten (Stichwort: *time to market!*) gehen mehr und mehr Unternehmen dazu über, sich der alten, funktionalen Logik einer arbeits- bzw. fachbereichsteilig organisierten Struktur zu entledigen. Mit der Option, nicht nur die bestehenden Leistungsprozesse, sondern auch die zugrunde liegende Organisationsarchitektur kontingent zu setzen, d. h. über alternative Organisationsformen nachzudenken, entstehen – oft noch parallel zu den traditionellen Fachfunktionen wie Forschung, Entwicklung, Produktion und Vertrieb plus der eigens eingerichteten Querschnitts- bzw. Support-Funktionen wie Rechnungswesen, Personalwesen, Logistik, Marketing etc. – Einheiten, die für ihr Handeln innerhalb der Gesamtstruktur unternehmerisch voll verantwortlich sind. In der sogenannten Geschäftsfeldgliederung werden Unternehmen im Unternehmen eingerichtet, die nach außen so marktnah wie nur irgend möglich den Besonderheiten ihrer Kunden und nach innen einer eigenen Wettbewerbsdynamik folgen, die das wechselseitige Zusammenspiel unter kompetitiven Erfolgsdruck stellen.

Der Markt rutscht in die Unternehmen hinein, die sich plötzlich damit auseinandersetzen müssen, ein spannungsgeladenes und zeitgleiches Miteinander von Kooperation und Konkurrenz zu managen. So notwendig und positiv sich dies auf das Verhältnis von Unternehmen und Markt auswirkt, so weitreichend und schwierig gestalten sich die Folgen für die organisationsinternen Strukturen. Das tendenzielle Auseinanderdriften der einzelnen Geschäftsbereiche erzeugt eine Häufung von Zielkonflikten sowohl auf der strategischen als auch auf der operativen Ebene. Die Nutzung gemeinsamer Ressourcen, die Verteilung anfallender Geschäftskosten und die kontinuierliche Pflege kohäsiver Elemente (Marke? Qualität? Zugehörigkeit?) sind nur einige der vielen Herausforderungen, die in diesem Zusammenhang zu nennen sind. Eine der Folgen, mit der Führung unweigerlich konfrontiert wird: die schon angesprochene Zunahme der Unwahrscheinlichkeit einer unternehmensübergreifenden, »ganzheitlichen« Folgebereitschaft aller Teileinheiten, das selbstverständliche »Ja«, mit dem Führung über lange Zeit fraglos rechnen konnte.

Sprechen wir hier von den extremen Ausschlägen einer überhitzten Entwicklungsdynamik? Wir denken: leider nein. Selbst da, wo die konsequente Gliederung nach Geschäftfeldern noch nicht sehr ausgeprägt ist, ziehen die zunehmend wettbewerbsrelevanten strukturellen Nachjustierungen im Organisationsdesign eine Häufung von ungelösten und unlösbaren Widersprüchen nach sich. Ob Matrix, Projektgeschäft oder Managementholding: Die komplexen Binnenverhältnisse in Organisationen führen zu Verwerfungen, die bezüglich ihrer Durch-Führung einen Anspannungsgrad erreicht haben, der so manchem Steuerungsexperten die eine oder andere schlaflose Nacht bescheren – vom Umsetzungsstress der mittleren und unteren Ebenen einmal ganz zu schweigen.

Ordnung durch Selbstbindung: konditionierte Autonomie

Wie aber etabliert sich Gefolgschaft unter den Bedingungen einer permanenten systembedingten Zunahme von Autonomie in »polyzentrischen Organisationsverhältnissen«, wie Rudolf Wimmer (1998, S. 13 ff.) schreibt? Angesichts des Wegfalls der Möglichkeit hierarchischer Pflichtnahme (»Da geht's lang!«) stellt sich die Frage, auf welche Weise Führung die Aufmerksamkeit der einzelnen Bereiche so zu fokussieren in der Lage ist, dass diese nicht in permanenten Konflikt mit der Orientierung auf das Ganze geraten. Anstatt die Autonomie über simple Weisung einzuschränken und damit potentiell destruktive Haltungen zu provozieren, muss Führung dazu übergehen, notwendige Autonomie so zu konditionieren, dass sie aus ihrer Eigenlogik heraus das Ganze mitträgt. Wir hatten bereits gesehen, dass dies tatsächlich hierarchische Entscheidungen nicht vollständig ausschließt, diese aber auf Situationen reduziert, in denen sich etwa in einem bestimmten Teilbereich der Organisation unlösbare Selbstblockaden gebildet haben. An die Stelle der hierarchischen Weisung tritt damit ein differenzierter Aushandlungsprozess im Sinne einer »horizontale(n) Verknüpfung der betroffenen Organisationseinheiten untereinander wie auch (der) Abstimmung zwischen den Hierarchieebenen« (ebd.). Die daraus resultierende »konditionierte Autonomie« verpflichtet die Teilbereiche im Sinne einer »Ordnung durch Selbstbindung« und soll »sicherstellen, dass sich diese autonomen Einheiten in gewissen Punkten weder dem Einfluss eines horizontalen Netzes noch dem der übergeordneten Ebenen entziehen können« (ebd.).

Was sich in der Theorie noch ganz vernünftig und nachvollziehbar anhören mag, führt in der Praxis unweigerlich zu einem Überschuss an Kommunikation, der wiederum so gestaltet werden muss, dass Führung darüber nicht handlungsunfähig wird. Aus diesem Dilemma gibt es kein Entkommen, wohl aber gibt es Erleichterung: In jeder Organisation spielen sich mit der Zeit Prozesse der Bearbeitung von Entscheidung ein, die nicht mit jedem Mal neu erfunden werden müssen. In zugespitzter Weise lässt sich eine solche Selbstreproduktion von Entscheidungsfolgen anhand von Systemen beobachten, deren Funktionieren ein äußerstes Maß an Verlässlichkeit von allen Beteiligten verlangt: Man denke an die Hochleistungsteams in der Intensivmedizin oder an so exponierte Orte wie etwa einen Flugzeugträger, dessen Komplexität in sich birgt, dass ein am falschen Platz liegengelassener Schraubenzieher eine tödliche Katastrophe nach sich ziehen kann.[16] Nicht zuletzt bei der Gestaltung solcher Entscheidungsroutinen ist Führung von kaum zu unterschätzender Bedeutung.

Eine wichtige Rolle für die sich solcherart aufbauende Binnenkommunikation spielen operative Begriffe wie »Abstimmung« und »Verknüpfung« – ein deutliches Indiz für den Einbruch der Dynamik der Netzwerke in komplexe Organisationen. Nicht zufällig spricht Rudolf Wimmer (ebd.) hier explizit von einem »sozialen Ort« als Grundbedingung für das erfolgreiche Balancieren zwischen Eigenverantwortung und wechselseitigem Aufeinanderangewiesensein:

> »Voraussetzung dafür ist die klare Benennung der übergreifenden Berührungspunkte und das Bereitstellen geeigneter Kommunikationsstrukturen, in denen die erforderlichen Aushandlungsprozesse immer wieder von Neuem stattfinden können.«

Dies bringt uns auf direktem Weg zu dem nächsten Punkt unserer Argumentation.

16 Außerordentlich anregende Reflexionen zu diesem Thema stellen Weick und Roberts (1993) an. Siehe dazu auch die aktuelle, gemeinsam mit K. Sutcliffe veröffentlichte Publikation (2001).

Vom Was zum Wie: Führung als Kommunikationsprozess

»Führung muss vor allem offen und anderen Argumenten zugänglich sein. Sie muss zuhören können und zu verstehen versuchen, warum der andere so und nicht so denkt. Sie muss den Widerstand als Denkanstoß wahr- und aufnehmen können, um schließlich in der Lage zu sein, zu überzeugen und etwas durchzusetzen. Wenn die anderen das Gefühl haben, dass ihnen nicht zugehört wird und ohnehin nur das passiert, ›was der Alte sagt‹, dann ist Führung am Ende. Trotz der Ungeduld und des Zeitdrucks ist es wichtig, den anderen erzählen und seine Gedanken zu Ende formulieren zu lassen. Dann führt er sich beinahe selbst dazu zu sagen: ›Ich stelle fest, dass es gar nicht so einfach ist, wie ich zunächst gedacht habe …‹« (Peter Bierenbreier, CEO Mercedes do Brazil).

Wir haben in den vorauslaufenden Ausführungen die zentralen Aufgabenfelder von Führung intensiver in den Blick genommen. In den folgenden Überlegungen rücken nun die sozialen Prozesse, durch und in denen Führung ihre Aufgaben wahrnimmt, in den Mittelpunkt unserer Aufmerksamkeit.

In den bisherigen Ausführungen ist bereits deutlich geworden, dass mit der Dekonstruktion der klassischen Hierarchie in Organisationen der selbstverständliche Rückgriff auf die dadurch mögliche Aufmerksamkeitssteuerung (Kommunikationsverknappung durch die »Chefansage«) nur um den Preis einer Beschädigung der Führungsautorität möglich ist. Die Lösung für dieses Dilemma – Aushandlungsprozesse, d. h. Kommunikationsverdichtung mit all den Risiken erhöhter Komplexität plus ihre strukturelle Verankerung im Sinne eines Containments zur Komplexitätsreduktion durch formale Verfahren – stellt erhöhte Anforderungen sowohl an die sozialen Fähigkeiten und Fertigkeiten von Führung als auch an die Haltung, mit der Führung von denjenigen praktiziert wird, die sich im kommunikativen Fluss der Entscheidungen als Stelleninhaber zur Verfügung gestellt haben.

Wir werfen also im Fortgang unserer Überlegungen zunächst einen Blick auf die klassischen sozialen Mechanismen, mit denen Führung ihren Aufgaben gerecht zu werden versuchte, um dann im Anschluss daran der Frage nachzugehen, wie unter den angegebenen modernen Koordinaten die Funktion der Führung ihren Einfluss möglichst wirksam entfalten kann.

Beginnen wir zunächst mit einer Selbstverständlichkeit, die vor dem Hintergrund moderner Führungsforschung[17] vor erst gar nicht so langer Zeit das vor allem aus Forschungsergebnissen der differentiellen Psychologie gespeiste persönlichkeitsorientierte Paradigma der Führungswirkung weitgehend ersetzt hat. Wie immer Führung in ihren unterschiedlichen Funktionen und Kontexten auch gedacht wird: Sie ist immer von etwas abhängig sind, was man »Folgebereitschaft« nennen könnte. Dass Mose vom Berg Sinai steigt und behauptet, er habe gerade die Zehn Gebote Gottes empfangen, wäre allein noch zu wenig, um seinen Anspruch auf religiöse Führerschaft zu festigen. Damit das Volk tatsächlich in Bewegung versetzt und es dazu gebracht wird, diese Gebote auch zu beachten und ihnen zu folgen, braucht es die Anerkennung seiner Auserwähltheit durch alle Beteiligten. Mit anderen Worten: Der Status des Auserwähltseins wird von Seiten der Gefolgschaft mit einer Erwartungshaltung konfrontiert, die sich jenseits situativer Ereignisse in einer kollektiven Vorstellung von Führung *generalisiert*. Um hier wieder eine dieser verdichteten Zen-Metaphern zu bemühen: Was ist der Hirte ohne Schafe – und was die Schafe ohne Hirten? Die Antwort fällt nicht schwer: Im einen Fall kann der Hirte einpacken und nach Hause gehen; im anderen Fall passiert: nichts. Ganz und gar unbeeindruckt von der Abwesenheit des Hirten, widmen sich die Schafe ungestört ihrem Schafsein. Eindrücklicher kann das Abhängigkeitsverhältnis der Führung von Gefolgschaft wohl nicht auf den Punkt gebracht werden.

Führung ist also ganz und gar darauf angewiesen, Einfluss zu generieren, um Wirkung zu erzeugen; und diesen Einfluss – das erleichtert ihr Geschäft ungemein – nach Möglichkeit über die konkrete Situation ihrer Inanspruchnahme hinaus sicherzustellen. Wenn wir von Führung reden, sprechen wir daher immer auch von Macht, verstanden als

> »Fähigkeit, selbst geschaffene Zwangslagen auszubeuten, wobei der Unterschied zwischen den Machthabern und den Machtunterworfenen darin besteht, dass die Machtunterworfenen von den Zwangslagen, die Machthaber von ihrer Fähigkeit, diese zu schaffen, gebunden sind« (Baecker 2003, S. 169).

17 Einen ausgezeichneten Überblick über das Feld gibt Oswald Neuberger (2002).

Sei es aus Gründen der Effizienz (Komplexitätsreduktion!), Eleganz (Verführung!) oder Durchsetzungsfähigkeit (Mikropolitik!): Führung hat als sozialer Prozess eine Fülle von Mechanismen entwickelt, ihren Einfluss so zu verschleiern, dass sie nicht permanent mit der Legitimation ihres Anspruchs und Verteidigung der Asymmetrie beschäftigt sein muss.

Auch Niklas Luhmann ortet in seiner Analyse zur Soziologie der Macht die »Generalisierung von Einfluss« als einen Versuch, Handeln auszulösen, und unterscheidet in der Folge drei Dimensionen, in denen Einfluss jeweils eine spezifische Form annimmt (1975, S. 74 f.):[18]

> »Um diese Generalisierungstypen eindeutig bezeichnen zu können, wollen wir zeitlich generalisierten Einfluss Autorität, sachlich generalisierten Einfluss Reputation und sozial generalisierten Einfluss Führung nennen.«

Wie aber gelangt Luhmann zu dieser Differenzierung? Zunächst, indem er die Spezifika des Wirkens der jeweiligen Formen von Einfluss beschreibt. *Autorität* bildet sich so über die aufgrund bisherigen oder überlieferten Erfolges konsolidierten Erwartungen. Er schreibt weiter:

> »Nach einiger Zeit glatt laufender Abnahme führt Ablehnung zu Überraschungen, zu Enttäuschungen, zu unübersehbaren Folgen und bedarf daher besonderer Gründe. Umgekehrt bedarf Autorität zunächst keiner Rechtfertigung. Sie beruht, wenn man so will, auf Tradition, braucht sich aber nicht auf Tradition zu berufen.«

So schwer vorstellbar der konkrete Mechanismus dessen bleibt, was Autorität hervorbringt, so stabil erscheint andererseits das Fundament, das darauf errichtet wird. Mit der *Reputation* verhält es sich ähnlich: ihre Wirkung beruht wie die der Autorität auf einer Unterstellung. Auf der der Unterstellung nämlich,

> »dass Gründe für die Richtigkeit des beeinflussten Handelns angegeben werden können.«

Wohlgemerkt: können. Wie Luhmann weiter ausführt, liegt die Reichweite der Reputation darin, dass ihr gegenüber zwar eine Möglichkeit

18 Siehe auch seine frühen Überlegungen dazu (1964, Kapitel 9, S. 123 ff.).

des Zweifels und des Nachfragens besteht, diese aber in der Regel nicht praktiziert wird.

In der *Führung* schließlich scheint das dynamischste Moment von Einflussnahme zu liegen, beruht sie doch (ebd., S. 78)

> »auf einer Verstärkung der Folgebereitschaft durch die Erfahrung, dass auch andere folgen, also auf Imitation. Die einen nehmen dann den Einfluss an, weil die anderen ihn annehmen; und die anderen nehmen ihn an, weil die einen ihn annehmen.«

Auf genau diesen Generalisierungen von Erwartungen errichtet sich innerhalb des organisationalen Zusammenhangs jene gesellschaftliche Funktion, die in der einen oder anderen Form »oben« oder »vorne« zu verorten ist. Der latenten Gefahr, ihrem eigenen Mythos zu erliegen oder gar ungewollt einen solchen aufzurichten, entkommen wir wohl am besten, wenn wir wieder einmal den theoretischen Zugang bemühen, den wir bereits durch die vorlaufenden Zitate in Anschlag gebracht haben. In der soziologisch inspirierten, beschreibenden Dekonstruktion wird deutlich, welche gesellschaftlichen und/oder organisationalen Zuschreibungen sich hinter den traditionellen Wirkmechanismen von Führung verbergen. Folgt man den von Niklas Luhmann beschriebenen drei Dimensionen der Generalisierung von Einfluss, der zeitlichen, sachlichen und der sozialen, dann lassen sich daraus auch jene Erwartungen destillieren, die zunächst unhinterfragt mit Macht verknüpft zu sein scheinen:

- In der Zuschreibung von *Autorität* liegt nicht nur die Versicherung der Verbundenheit mit einem Ursprung, sondern auch die Garantie, dass die Zeitlichkeit selbst nichts an dem Status quo ändern kann. In der Formel »Das war schon immer so!« kulminiert das Versprechen, dass Herkunft und Zukunft in der Position von Führung gleichsam zyklisch aneinandergekettet sind.
- In der *Reputation* setzen sich diffuse Graustufen von Erfahrungen, Gefühlen und Meinungen zu einer Zuschreibung zusammen, die sich am ehesten als »Glaubwürdigkeit« bezeichnen lässt. Der biblischen Zeugenschaft in dem Sinne, dass jemand beglaubigterweise einer Wundertat beigewohnt hat, entspricht in einem rationalen Kontext die persönliche Expertise: »Der kann das wirklich, weil er es *in der Sache* schon bewiesen hat!«, lautet jene Formel, die der Reputation Ausdruck verleiht.

- Die soziale Anerkennung von *Führung* hat in der Form ihrer Ausbreitung einen vergleichsweise horizontalen Charakter insofern, als sich die Haltung des Einzelnen an derjenigen seiner jeweils Nächsten ausrichtet. Die darin aufflackernde Erwartung besteht zunächst in der prinzipiellen Gleichbehandlung aller derjenigen, die sich auf einer Ebene befinden. Die gruppendynamische Anerkennung löst zudem die Erwartung ein, dass tatsächlich der »Richtige« führt, und entlastet den Einzelnen tendenziell von diesbezüglich auftauchenden Zweifeln.

Auch wenn Niklas Luhmann also eine terminologische Unterscheidung einführt, mittels deren er Führung hinsichtlich einer bestimmten Facette von Macht spezifiziert, scheinen in den beiden anderen Begriffen ebenfalls führungsrelevante Momente aufzutauchen. Alle drei zusammen genommen, zeigen jedenfalls, inwiefern sich Macht aus systemtheoretischer Perspektive als soziale Konstruktion auf dem Fundament ausgesprochener und unausgesprochener Erwartungen er- und einrichtet. Dies festzustellen ist in unserem Zusammenhang von entscheidender Bedeutung, da hier mit soziologischem Scharfblick nachgezeichnet wird, wie sich die scheinbare »Naturgegebenheit« organisationaler Ordnung in ein Verhältnis permanenter wechselseitiger Bedingtheit transformiert.

Vereinfacht gesagt: Macht ist der Code, in dem Führung sich formalisiert und institutionalisiert. Daraus erwächst auch der Spielraum zwischen Dynamik und Stabilität, aus dem Führung seine funktionalen Optionen auf- und ausbaut. Soll heißen: Wollte man das Verhältnis zwischen Führung und Gefolgschaft als einfache Tauschformel beschreiben, könnte diese in etwa lauten: Tausche Folgebereitschaft gegen Verantwortung plus Ressourcenverwaltung. Im überschaubaren Rahmen funktioniert ein solcher Tausch über persönliche Loyalität, Vertrauen und Zugehörigkeit.[19] Je größer und unübersichtlicher das Ganze wird, desto mehr wächst auch die Notwendigkeit einer eindeutigen Formulierung bzw. Festlegung eines solchen Verhältnisses.

---

19 Vgl. Luhmann (1975, S. 94): »In Gesellschaftsformen älteren Typs werden Interdependenzen im Wesentlichen über Schichtung limitiert und kontrolliert auf der Ebene von Familien, Status und Rollen.«

Wie solche Verhältnisse über den Moment hinaus nicht nur in Organisationen, sondern im Gesellschaftssystem selbst institutionalisiert wurden, hat Max Weber in seinen soziologischen Analysen von Herrschaft unter die Lupe genommen. Er unterscheidet bekanntermaßen drei unterschiedliche Typen von Führung, die er als charismatisch, traditional und formal kennzeichnet.[20] Allen drei Typen von Führung ist gemeinsam, dass sie es als soziale Prozesse geschafft haben, das »Nein«, welches von Führung in ihren Entscheidungen immer mitproduziert wird, so weit zu binden, dass es bei der Reproduktion der gesellschaftlichen Zusammenhänge nicht mehr blockierend wirkt. Sei es im Falle der formalen Führung durch die Implementierung von Verfahren, an die auch diejenigen gebunden sind, die sie einführen, oder im Fall der traditionalen Führung durch die Berufung auf die »Macht der Gewohnheit« – stets sind es durch die soziale Mechanik sichergestellte und damit institutionalisierte Formen der Einflussnahme, die ein beständiges Hinterfragen der Legitimation einzelner Führungsentscheidungen auf den Ausnahmefall beschränken, der bereits als solcher erklärungsbedürftig ist und damit den bestehenden Verhältnissen in die Hände spielt.

Im Folgenden soll etwas ausführlicher auf die charismatische Führung eingegangen werden, da im laufenden Diskurs über Führung das Thema mit einer Regelmäßigkeit strapaziert wird, die neugierig macht.

Auszeit: Charisma

Sowohl die säkularisierte als auch die (ursprünglichere) religiöse Form von Charisma ist von der Vorstellung geleitet, dass es persönliche Fähigkeiten gibt, die man durch Vererbung oder andere unerklärliche Begünstigungen des Schicksals erhält und die im sozialen Geschehen Fraglosigkeit sicherstellen. Charisma (griechisch für »göttliche Gabe«) leitet sich also aus Merkmalen her, die der Person zugeschrieben werden, ohne dass diese sie durch eigenes Verdienst erworben hätte. Gut zu beobachten ist dabei der soziale Mechanismus der Invisibilisierung und damit Komplexitätsreduktion: Etwas ist unhinterfragbar, gerade weil man es ohne eigenes Zutun besitzt (Motto: Was kann ich denn dazu, wenn ich hier das Sagen habe ...).

---

20 Siehe Max Weber (1972, S. 122 ff.).

Erst mit dem Aufschwung der Idee individueller Schicksalsgestaltung im bürgerlichen Zeitalter schwindet das Zutrauen in die Tragfähigkeit der Legitimation von Führung und Folgebereitschaft. Mit der wachsenden Zahl von Amtsträgern und zunehmenden Erwartungen an die Ämter setzt sich die Einsicht durch, dass für deren Bekleidung bestimmte Fähigkeiten individuell zu erwerben sind. Entscheidend für das Fraglosstellen von Entscheidungen wird nun die gesellschaftliche Stellung, die man durch persönliches Verdienst erreicht hat: Studium, Bildungsniveau und Titel – generiert durch persönliche Leistung – werden zu Gegengewichten in der gesellschaftlichen Entwicklung, ohne dass sie die vorlaufenden archaischen Konzepte vollends zum Verschwinden bringen. Generell lässt sich jedoch festhalten, dass im Zuge gesellschaftlicher Differenzierung Kompetenz an die Stelle von Notwendigkeit tritt. In Abgrenzung zu den mythologischen, dem menschlichen Einfluss entzogenen Autoritätsressourcen, die über Jahrhunderte hinweg quasi als Schutzwälle um getroffene Entscheidungen aufgebaut wurden, ist der Rekurs auf erworbene Eigenschaftsbündel ein erster Schritt in Richtung einer Verflüssigung und Dekonstruktion bestehender Autoritätskonstruktionen.

Trotzdem bleibt festzuhalten, dass der Ruf nach charismatischen Führungspersönlichkeiten gerade im 21. Jahrhundert nichts von seiner Lautstärke verloren hat. Hier ist festzuhalten, dass die Sehnsucht, die hinter dem Ruf nach mehr Charisma steckt, es gerade in Zeiten gesellschaftlicher Umbrüche und weitgehender Differenzierung eigenständiger Sinnprovinzen relativ einfach hat, Gehör zu finden. Die religiösen Konnotationen, die diesem Begriff anhängen, die kollektiven Bilder und religiösen Motive sind aufgrund der erst wenige Hundert Jahre alten säkularisierten Führungsgeschichte noch tief verwurzelt und damit schnell abrufbereit, wenn alternative Legitimationsmechanismen an ihre Grenzen kommen.

Insofern man sich auf diese Sehnsüchte und Bilder einlässt, wird man zu einem Spiel verführt, das die eigenen Konstruktionsprinzipien konsequent verschleiert. Allein die Wahl des Begriffs Charisma legt nahe, dass bei der Frage nach wirksamer Führung auf persönliche Eigenschaften verwiesen wird. Konsequent aus der Beobachtung hinausgerückt werden dabei die gesellschaftlichen Konstruktionen und Prinzipien, die Fraglosigkeit von Entscheidungen sicherstellen.

Im Umkehrschluss bedeutet das, dass wir auf diese Zuschreibungen immer dann treffen, wenn aus dem jeweiligen Kontext heraus das

Bedürfnis danach vorhanden ist. Sobald im gesellschaftlichen Kontext diese Folgeleistung erbracht werden muss, werden charismatische Führungspersönlichkeiten »geschaffen«. Geleitet vom Bedarf, wird in einem wechselseitigen Zuschreibungsprozess das Phänomen »charismatische Führung« (re)konstruiert. Gut ablesen lässt sich ein solcher Prozess an dem Reparaturmechanismus, mit dem in Unternehmen Führungskräfte zunächst mit entsprechenden Erwartungen überhäuft und dann – in der Regel innerhalb einer nur geringen Halbwertzeit – nach der entsprechenden Enttäuschung wieder ausgetauscht werden. Statt dazu anzuhalten, das Muster dieser spezifischen sozialen Konstruktion in den Blick zu nehmen, zwingt der Entlastungsmechanismus im Unternehmen dazu, nach weiteren Kandidaten Ausschau zu halten, die – diesmal dann ganz gewiss – der Bedarfslage gerecht zu werden versprechen. Das Personalkarussell dreht sich, und im Unternehmen wird durch die Notwendigkeit der eigenen Entlastung das bestehende Muster wieder und wieder reproduziert.

So problematisch also die Verwendung dieses »Konzepts« in der Praxis der Führung auch ist: Es signalisiert doch einen gesellschaftlichen Bedarf, bei dem sorgsam zu überlegen ist, wie er auf andere Weise, d. h. mit Hilfe von funktionalen Äquivalenten, ruhigzustellen ist. Und er macht darüber hinaus deutlich, dass die hier dargestellten Funktionen der Führung nur sehr schwer von den jeweiligen Trägern – den Führungskräften – abzulösen sind. Wir kommen in diesem Zusammenhang nicht umhin, uns daher auch einige Gedanken zur »Persönlichkeit« der Führungskraft zu machen.

Führungskraft: Person, Rolle, Funktion?

Es sollte in den vorangegangenen Ausführungen eigentlich deutlich geworden sein, dass die dort skizzierten Forderungen an Führung (kontinuierliches Ausbalancieren von Widersprüchen, Paradoxien und strukturell verankerten Konflikten) hochvoraussetzungsreich sind. Es sollte daher nicht verwundern, wenn von den Protagonisten, die im Alltag von Organisationen ganz konkret diese Funktion wahrnehmen, von den Führungskräften also, nicht zuletzt ein reflektierter Blick auf die eigene Persönlichkeit erwartet wird. Führen wir uns das Wechselbad der Anforderungen nochmals vor Augen: Mal sind in der einen Situation Stärke und ein klarer Standpunkt gefordert, dann wiederum ein offener Umgang mit dem eigenen Nichtwissen zur Vermeidung von Sackgassen. Die Anforderungen wechseln je nach situativem Kontext, die Komplexität der einzelnen sozialen Manöver ist beliebig skalierbar.

Glaubwürdigkeit

Ein abgeklärter Zugang zu der eigenen Position in der funktionalen Asymmetrie der Organisation, der weniger von der eigenen Person als vielmehr von der Einsatzbereitschaft für die Belange des Ganzen sowie einem grundlegenden Verständnis von komplementären und symmetrischen Rollenangeboten gespeist wird, ist wesentlicher Nährboden für die persönliche Glaubwürdigkeit – der wichtigsten Ressource von Führung, wenn es um die Mobilisierung von Folgebereitschaft geht. Ansätze in der Beobachtung und Entwicklung von Führung, die sich auf den rein handwerklichen Aspekt dieser Profession beschränken, greifen möglicherweise etwas kurz, wenn es um genau diese Aufladung von Führung in Richtung Wirksamkeit der Einflussnahme geht. Exemplarisch sei dazu etwa auf das Führungsverständnis bei Fredmund Malik (2005) hingewiesen – auch da finden sich Hinweise auf Glaubwürdigkeit und Haltung als zentrale Voraussetzungen für dieses Handwerk. So sinnvoll es darüber hinaus auch ist, über einen halbwegs verfügbaren Fundus an methodischen Werkzeugen zu verfügen (etwa Führen mit Zielvereinbarungen, Delegation, Kritikgespräch etc.), so wenig hilft dieser Werkzeugkasten im Ernstfall der hier angesprochenen paradoxen Problemlagen.

Anhand der Arbeiten von Jim Collins (vgl. 2003) lässt sich nachvollziehen, wie das (persönliche) Profil einer nachhaltig wirksamen Führungskraft aussehen könnte. In seinen empirischen Untersuchungen zu den Erfolgsfaktoren einer nachhaltigen Unternehmensentwicklung beschreibt er fünf unterschiedliche Kompetenzniveaus von Führungskräften, die auf der höchsten Stufe, der »Level-5-Führungspersönlichkeit«, durch folgende Haltung gekennzeichnet ist (S. 35):

> »Level-5-Führungspersönlichkeiten lenken ihre persönlichen Egoismen um und richten sie auf das höhere Ziel, ein Spitzenunternehmen zu errichten. Natürlich haben auch Level-5-Leader ein Ego und handeln im Eigeninteresse: Sie sind unglaublich ehrgeizig – aber ihr Ehrgeiz gilt vor allem der Institution und nicht ihnen selbst.«

Die richtige Mischung aus Durchsetzungsvermögen (für die Interessen des Ganzen) und Bescheidenheit sorgen also in diesen Fällen für eine glaubwürdige Legitimationsbasis der jeweils überlebenssichernden Entscheidungen – jenseits aller Starallüren und Egotrips. Man darf vermuten, dass es sich hierbei insbesondere um eine Frage der Haltung handelt: Mit welchem Selbstverständnis, aus welchem »inneren Ort« heraus setzt Führung die notwendigen Akzente, um einerseits – als Führung – im Spiel zu bleiben und andererseits genügend Abstand zu haben, um quer zu den eingespielten Routinen für Unruhe zu sorgen? Zu dieser Frage des »inneren Ortes«, der die Ausgangsbasis für die handlungsleitende Selbstwahrnehmung von Führung darstellt, hat sich insbesondere Claus Otto Scharmer (2002) Gedanken gemacht, auf die wir hier – um die Stringenz unserer Argumentation nicht über Gebühr zu strapazieren – nicht näher eingehen wollen.

Entscheidung und Willkür

In unseren Ausführungen haben wir festgestellt, dass Entscheidungen immer auch mit Willkür zu tun haben. »Erst das Unentscheidbare ist entscheidbar«, so die Zuspitzung von Heinz von Foerster, der damit darauf hinweist, dass jede Entscheidung – sofern es eine Entscheidung ist und nicht eine bloße Ableitung aus in sich schlüssig sich zusammenfügenden Einzelschritten – immer auch die Unsicherheit produziert, die sie einzukassieren behauptet. Entscheiden schließt immer die Möglichkeit mit ein, die Dinge auch ganz anders machen zu können – deshalb wird eine dieser Möglichkeiten (zumindest für den Moment) fixiert, damit in der Folge die Möglichkeit für weitere gezielte Anschlussprozeduren eröffnet wird. Entscheidungen verringern das breite Spektrum des *anything goes* und lassen gezielte Folgeaktivitäten zu, die freilich jederzeit durch neue Entscheidungen wieder aufgehoben werden können (auch wenn dabei gut überlegt sein will, welche Kosten durch die damit jäh enttäuschten wechselseitigen Erwartungen verursacht werden). Der Verzicht auf jede Form von Letztbegründung läuft in letzter Konsequenz immer auf den Akt der Willkür hinaus: Entscheidungen sind per se freie Entscheidungen – was für die Entscheider allerdings nicht bedeutet, damit auch von den Folgen einer Entscheidung verschont zu bleiben.

Es lässt sich nicht wirklich gut verbergen, dass Autorität gerne den Versuch unternimmt, diesen Aspekt der Willkür – jemand will etwas und legt damit gleichzeitig auch etwas fest – möglichst unsichtbar zu machen und die Frage nach (immer vorhandenen) Alternativen zu verunmöglichen. Gängige Mechanismen dafür sind hinlänglich bekannt: etwa die Formulierung objektiver Gegebenheiten und Sachzwänge, Notwendigkeiten eben, die – wenn sie denn in gelingenden Weise dargestellt werden – den Anteil an Offenheit in jeder Entscheidung unsichtbar machen. Auf die Risiken und Nebenwirkungen, die mit solchen Prozessen der Unsichtbarmachung, aber im Gegenzug auch mit solchen der Visibilisierung von Kontingenz einhergehen, sind wir ausführlich eingegangen; stellen sie doch den Kern sozialer Mechanismen dar, die in ihrer Summe ausschlaggebend sind für die Durchsetzung von Entscheidungen – und damit für den Erfolg oder Misserfolg von Führungsleistung.

Zu sagen, dass Führung unter diesen Voraussetzungen ein anspruchsvolles Geschäft ist, ist mehr als nur Eingeständnis der Widrigkeiten und Herausforderungen ihrer alltäglichen Praxis. Als eine ganz und gar unwahrscheinliche Kommunikationsleistung bleibt ihr deshalb nur, immer wieder neu zu prüfen, inwieweit sie in der Lage ist, die Voraussetzungen für ihren Erfolg mitzugestalten (durchaus im Sinne einer Selbsterneuerung) und sich dabei keinesfalls auf einmal Erreichtes zurückzuziehen. Welche Möglichkeiten lassen sich ins Feld führen, die geeignet wären, die Wahrscheinlichkeit für ihr Gelingen zu erhöhen?

Jenseits aller Diskussionen über Führungsstile, besonders effiziente Manipulationstechniken oder auch nur gesunden Menschenverstand zeigt sich, dass die Legitimation für Führung, sofern sie sich nicht mehr auf die traditionellen Autoritätsressourcen verlassen kann, sich ausschließlich über die tagtägliche Reproduktion ihrer Sorge um das Ganze herstellt. Wenn es darum geht, die bestehenden Asymmetrien als Grundlage der eigenen Wirkung mit Geltung zu versehen, ist dies weder durch geschickt platzierte Proklamationen und Absichtserklärungen noch durch Rückgriffe auf historisch gewachsene Autoritätsmechanismen nachhaltig zu bewerkstelligen. Vielmehr geht es um die tägliche Arbeit an den Zuschreibungen in den jeweiligen Verantwortungsbereichen, die – unter permanentem Beweisdruck stehend – immer wieder aufs Neue mobilisiert werden müssen. Ob es gelingt, für die eigenen Entscheidungen diejenige Folgebereitschaft zu generieren, die sicherstellt, dass einmal getroffene Entscheidungen tatsächlich verbindlich wahrgenommen werden, hängt davon ab, ob es Führungskräften gelingt, die entsprechenden Zuschreibungen auf sich zu ziehen. Notwendig hierfür ist die glaubhaft vermittelte Haltung, nicht (nur) auf das eigene Fortkommen zu schauen oder die durch die Organisation zur Verfügung gestellte Funktion dafür ausnutzen, die damit verbundenen Ressourcen und Privilegien zum eigenen Vorteil auszunutzen. Wie es diesbezüglich heute um die Führung in und von Organisationen aussieht, offenbart ein kurzer Blick auf die Nachrichten des aktuellen Tagesgeschehens. Es soll dem Leser dieses Buches überlassen bleiben, hieraus die entsprechenden Schlüsse zu ziehen …

Halten wir fest: Das Zusammenspiel der Bereitschaft, Führungsentscheidungen zu folgen, und der Bereitschaft, diese Führungsentscheidungen in den Dienst der jeweiligen Überlebenseinheit zu stellen, diese wechselseitige Stabilisierung von Erwartungshaltungen ist für Führung in modernen Organisationen das einzige Werkzeug, das sie zur Verfügung hat, sich selbst in Wirkung zu setzen. Die Rede vom *Naked leader* (Taylor 2002) erhält durch diesen vertrauensgestützten Mechanismus eine Tiefendimension, die der Autor des Buches möglicherweise gar nicht intendiert hatte.

Wenn die Erneuerung von führungsnotwendiger Asymmetrie gelingt, dann einzig und allein dadurch, dass immer wieder der Beweis angetreten wird, dass Führung unter Zuhilfenahme der laufenden Dekonstruktionsprozesse die Überlebensprobleme der jeweiligen Einheit zu adressieren in der Lage ist, für die man als Führungskraft in die Verantwortung gegangen ist – um damit ihre Zukunftsfähigkeit im Sinne eines »Hier geht es weiter« zu sichern. Wir haben gesehen, dass eine der zentralen Paradoxien von Führung in der Asymmetrie besteht, die sie als Grundlage ihrer Aktivitäten und Voraussetzung des Wirksamwerdens immer wieder aus sich heraus herstellen muss. In diesem selbstbezüglichen Reproduktionsprozess liegt der Schlüssel für das *Wie* von Führung, die Quelle für die kommunikative Steuerung des Prozesses, der vom »Nein« zum »Ja« führt.

Führung revisited – Spielstand

Fassen wir zum Abschluss des Kapitels unsere Überlegungen zum Thema Führung zusammen. Als Funktion in ausdifferenzierten Organisationen ist »Führung« ein Bemühen um Entscheidungsfindung und Orientierungssicherheit. »Wie geht man Probleme an? Wie bearbeitet man sie? Warum sind es gerade diese Probleme und nicht völlig andere?« Die neuen Ansprüche an Führung spiegeln sich auf vielfältige Weise in der gesamten Organisation. Deren Binnenstrukturen haben sich so weiterentwickelt, dass mittlerweile auf allen Funktionsebenen Personen immer eigenverantwortlicher handeln und beurteilen müssen, ob ihre Aktivitäten auf die jeweilige Aufgabenstellung abgestimmt sind. Mitarbeiter sind stärker denn je angehalten, ihre Organisation durch Zweifel und Fragen zu stimulieren und in Eigenregie zu untersuchen, ob die im Topmanagement getroffenen Entscheidungen auf ihrer Ebene tatsächlich greifen. Das Hervorbringen von Entscheidungen stößt auf Mitarbeiter und Mitarbeiterinnen, die diesen Prozess immer noch einmal einer Prüfung unterziehen: nicht aus einer prinzipiellen Lust am widerständigen Verhalten, sondern aus der konkreten Verantwortung für vereinbarte Ziele und in sich schlüssige Teilstrategien.

Dieses Beobachten von Beobachtungen erzeugt eine scheinbar paradoxe Wirkung: Entscheidungen provozieren mit ihrem Gestus des »Jetzt ist Schluss!« just die Reaktion »Jetzt geht's erst richtig los!«. Oft hat das Hinterfragen einer scheinbar gültigen Vereinbarung erst das Nachdenken über bessere Optionen zur Folge. Ein solches Verhalten erscheint aus der Perspektive der Überlebensfähigkeit von Unternehmen letztlich notwendig, weil auf jeder (hierarchischen) Ebene eine jeweils eigene Logik wirkt, die ins Spiel gebracht wird, wenn es um das Zusammenspiel der einzelnen Ebenen geht.

Eine der Konsequenzen dieses Zusammenspiels besteht in der Notwendigkeit eigenständiger Entscheidungskompetenzen in den einzelnen Bereichen. Dies macht es jedoch auch schwerer, Verbindlichkeit herzustellen.

Umso mehr muss Führung als Funktion bzw. als Systemleistung gedacht werden. Sie ist auf eine Art von Steuerung aus, die den mitlaufenden Dekonstruktionsprozess nutzt, um die Know-how-Vielfalt, die unterschiedlichen Perspektiven und funktionalen Eigenlogiken einer Organisation zu mobilisieren. Hier geht es vor allem darum, die Negation nicht nur als zu vermeidendes Schicksal zu sehen, sondern als Prozessphase, in der viel an kollektiver Intelligenz genutzt werden kann. Die Negation erscheint als Ressource, die mobilisiert werden kann, aber auch als Büchse der Pandora, die, einmal geöffnet, eine Menge unterschiedlicher, ja gegensätzlicher Interessen forciert. Führung muss aus diesem Negationsprozess wiederum eine für das Gesamtsystem nützliche Perspektive formulieren.

Eine Entscheidung zu treffen bedeutet, einen Punkt unter vielen Alternativen zu finden und damit eine sichere Basis zu schaffen, auf den weitere Prozesse wieder aufsetzen können. Daraus muss sich eine Art »kollektive Folgebereitschaft« realisieren. Ein solches kodynamisches Autoritätsverständnis zielt eben nicht darauf ab, Fraglosigkeit zu organisieren, sondern darauf, Kommunikationsprozesse in Organisationen so gezielt und bewusst zu steuern, dass aus der Provokation, aus der Stimulierung des »Neins« ein gemeinsames »Ja« bezüglich der offenen Fragen entsteht, die die Grundlage für den Entscheidungsbedarf ausmachen.

Führung ist in diesem Zusammenhang darauf angewiesen, dass Einflussunterschiede stabil gehalten werden, die sowohl Grundlage für ihr Wirken als auch Ausfluss ihrer Praxis werden. Sie muss als selbstbezüglicher Prozess gedacht werden, bei dem sich – ähnlich wie bei Münchhausen, der sich an seinem eigenen Schopf aus dem Sumpf zu ziehen vermochte – gegen den permanent mitlaufenden Dekonstruktionsprozess die Voraussetzungen für die eigene Wirksamkeit erst aus sich selbst herstellen. Wie Führung für die Aufrechterhaltung von Unterschieden und somit für ihre eigene Grundlage sorgt, ist bereits ein grundlegender Teil ihrer Führungsleistung.

Bevor wir uns im Folgenden der Frage nach den konkreten Handlungsfeldern von Führung zuwenden, soll Fritz B. Simon zu Wort kommen, um die in diesem Kapitel angerissenen Themen mit seinen Überlegungen zu ergänzen.

Interview mit Prof. Dr. Fritz B. Simon

Kommunikation, Wirkung, Spielregeln, Struktur: Auf faszinierende Weise entfaltet Fritz B. Simon im Gespräch die systemtheoretischen Überlegungen zur Schnittstelle von Individuum, Organisation und Gesellschaft im Brennpunkt Führung. Er erklärt, warum er Charisma für eine rationalisierte Wahnidee hält, inwiefern ihn in diesem Zusammenhang Adolf Hitler interessiert und warum der Ruf nach dem starken Mann nur mit der Ermöglichung nichthierarchischer Kommunikationsstrukturen beantwortet werden kann. »Entscheidungsfindung«, so Fritz B. Simon, »ist ein Kommunikationsprozess. Und der muss gemanagt werden.« Womit wir wieder bei Führung wären. Bitte, Herr Simon, erklären Sie uns das mal!

Fritz, Führung wird heute immer wichtiger – würdest du dem zustimmen?

Führung war immer wichtig. Aber was darunter zu verstehen ist, das heißt ihre konkrete Bedeutung, wird erst durch den jeweiligen Kontext klar. In Organisationen, deren Routinen relativ eindeutig festgelegt sind, spielt sie keine so entscheidende Rolle. Aber dort, wo das nicht der Fall ist, bekommt sie ein größeres Gewicht.

Was heißt eigentlich Führung für dich?

Führung heißt für mich, die Kommunikationsstrukturen, die Weltsicht und die Entscheidungsgrundlagen der Organisation bzw. ihrer Mitglieder zu beeinflussen – wohl wissend, dass all dies nicht nach einem geradlinigen Ursache-Wirkungs-Modus per Anordnung (schöner Begriff, nebenbei bemerkt) oder durch Kontrolle zu erreichen ist. Führung hat einen ganz zentralen Einfluss auf die internen Spielregeln der Interaktion und Kommunikation. Wo nicht bürokratisch festgelegt ist, wie man was macht, gibt es für jeden Mitarbeiter zwangsläufig große Handlungsfreiheit im Umgang miteinander und mit Kunden, bei der Lösung von Problemen usw. Und das ist auch gut so, denn auf diese Weise kann die Kreativität und Kompetenz von Mitarbeitern zur Geltung kommen und ihren Nutzen für das Unternehmen entfalten.

Diesen Freiraum nimmt von außen zunächst niemand wahr, und er interessiert ja auch eigentlich niemanden, der nicht zum Unternehmen gehört. Was für den Außenstehenden zählt, ist das Ergebnis dieser internen Prozesse, etwa ein Produkt, das sich als besser oder schlechter als vergleichbare Produkte erweist. Was an betriebsinternen Prozessen und Vorbedingungen bis zu seinem Erwerb durch den Kunden – von der Idee, der Entwicklung, der Produktion zum Vertrieb usw. – dahintersteckt, kriegt der Kunde nicht mit, es sei denn, es hat Konsequenzen für die Qualität des Produktes.

Bei den internen Organisationsprozessen gibt es einen großen Spielraum der Selbstorganisation. Viele Strukturen entwickeln sich, ohne dass sie geplant wären oder kontrolliert werden könnten. Die Selbstorganisation zu organisieren ist die paradoxe Funktion von Führung. Und diese Funktion muss erfüllt werden, sei es von einer Führungsperson, einem Team oder sonst wie ...

Wer Verantwortung in einem Unternehmen oder für es trägt, wird es nie kontrollieren können, nie »in den Griff« bekommen. Aber er sollte wissen, wie Organisationsprozesse funktionieren, und sich so einmischen oder heraushalten, dass die Wahrscheinlichkeit erhöht wird, dass etwas Gescheites dabei herauskommt. Das verstehe ich unter Führung ...

Braucht es für diese bewusste Einmischung starke Persönlichkeiten?

Starke Persönlichkeiten haben eine große Wirkung oder, anders gesagt: Wenn jemand starke Wirkung hat, dann interpretiert man das meist als Ausdruck einer starken Persönlichkeit (was – nebenbei bemerkt – eine sehr gewagte Theorie ist, um nicht zu sagen: Quatsch).

Also noch mal: »Persönlichkeit« als Eigenschaft lässt sich ja nicht direkt beobachten. Nur die Aktivitäten einer Person sind für andere direkt wahrnehmbar. Was solche vermeintlich »starken« Persönlichkeiten tun, gewinnt in Organisationen eine große Bedeutung, weil ihr Beitrag an der Kommunikation offenbar speziell ist. Die Führungskraft mit Selbstbewusstsein wird sich anders verhalten als die ohne. Der persönliche Faktor ist wichtig, allerdings nur auf der Basis der jeweiligen Organisationsstrukturen. Denn die organisatorischen Spielregeln sorgen dafür, dass alle ihnen unterstellten Mitarbeiter auf die Führungskräfte schauen müssen. Was nützt »Stärke«, die keiner wahrnimmt? Die Position bestimmt die Wirkung, und darin liegt auch eine große Gefahr.

Wir kennen die Vorfälle bei dem amerikanischen Unternehmen *Worldcom*: Ein ehemaliger Verkäufer und Basketballtrainer schaffte es, die Spielregeln des Unternehmens so zu nutzen, dass er ganz nach oben kam, von wo aus er 130 Milliarden des Vermögens der Anteilseigner vernichtete. Die Macht dazu erhielt er durch die hierarchischen Organisationsstrukturen. Jemanden wie Herrn Ackermann, den Vorstandsvorsitzenden der Deutschen Bank, kontrolliert kaum noch jemand – auch der Aufsichtsrat nicht, schließlich hat der ihn nicht nur in den Sessel gehoben, sondern er ist in seiner Meinungsbildung auf die vom Vorstand selektierten Informationen und die spärliche Aussagekraft von Bilanzen angewiesen.

Nirgendwo haben Individuen so eine Macht wie in Organisationen, und zwar nicht wegen ihrer Persönlichkeit, sondern aufgrund der Organisationsstruktur bzw. der mit ihrer Position verbundenen formalen Macht. Deswegen stehen sie im Fokus der Aufmerksamkeit aller Beteiligten. Jeder achtet auf sie, und deswegen führen sie, ob sie wollen oder nicht. Alles, was sie tun, wird beobachtet. Allem wird ein Sinn zugeschrieben. So lässt sich auch erklären, dass zum Beispiel Josef Ackermann sagt: »Wir müssen 6000 Leute entlassen«, und die deutschen Gewerkschafter auf die Straße gehen, um für das Wohl der bedrohten Investmentbanker in London zu demonstrieren.

Wie siehst du in diesem Zusammenhang die in der amerikanischen Diskussion so wichtige Idee von »Charisma«?

Das ist der Versuch, ein soziales Phänomen ursächlich der Psyche einzelner Kommunikationsteilnehmer zuzuschreiben, man könnte auch sagen: eine sehr simplifizierende Wahnidee. Schließlich muss jede Wirkung ergründet und erklärt werden, da ist für solche psychologischen Alltagskonzepte großer Spielraum. Charisma ist – wie andere Erklärungskonzepte dieser Art – so praktisch, weil es beruhigt und erspart, weiterfragen zu müssen. Wenn es die Persönlichkeitsstruktur der Führungskräfte ist, die Führung erklärt, dann scheint alles klar. Man muss halt nur die richtigen Persönlichkeiten suchen oder weiterentwickeln usw.

Doch so einfach ist das ja nicht. Charisma ist nichts, was man »hat«. Sondern es wird einem von anderen zugeschrieben. Und was die beobachten, ist ein bestimmtes Verhalten, das als Ausdruck von Charisma erklärt wird. Die Frage lautet daher: Was muss man in welcher Situation tun, damit einem Menschen folgen?

Wie konnte ein Postkartenmaler das Deutsche Reich übernehmen? Oft genug hat man Hitler ja Charisma unterstellt. Wer heute Filme mit ihm sieht, findet ihn eher lächerlich und wundert sich, wie er so idealisiert werden konnte. Sein vermeintliches Charisma hat offenbar nichts mit objektiven Faktoren zu tun, die unabhängig von der gesellschaftlichen Lage wirksam werden. Ich finde es wichtig, in Bezug auf Führungskonzepte auch immer den »Führer« zu denken. Was hat der gemacht? In welcher historischen Situation hat er welche etablierten Kommunikations- und Organisationsstrukturen für seine Zwecke ausgebeutet? Welche Ideen hat er wie vertreten?

Im Businessbereich wird dauernd von »Performance« geredet – was ja unter anderem auch bedeutet: »eine Vorstellung geben«. Dieser Begriff ist meines Erachtens decouvrierend, er passt perfekt. Denn beim Führen geht es immer auch um die Art des »Auftretens«, des »Darstellens« und nicht um objektivierbare »Leistung« im physikalischen Sinne.

Und warum hat dann das Erklärungsprinzip »Charisma« eine solche Prominenz?

Weil es so praktisch und einfach ist. Man braucht dann keine Theorie komplexer sozialer Prozesse. Aber Führung ist kein psychologisches Phänomen, sondern ein soziales, und es kann nicht allein durch die Psychologie von Führern und Geführten erklärt werden. Es bedarf einer Kommunikationstheorie der Führung.

Um den Charisma-Mythos aus den Angeln zu heben, braucht man sich nur zu fragen, warum Konrad Adenauer die akzeptierte Führungskraft im Nachkriegsdeutschland war, was er während des »Dritten Reiches« nicht war. Das zeigt doch sehr genau, dass die sozialen Bedingungen bestimmen, ob einer zur Führungskraft wird oder nicht. Die soziale Situation schafft das Charisma, das dann einer Person zugeschrieben wird. Formulieren wir es so: Das Charisma sucht sich seinen Träger. Es gibt eine Sehnsucht der Menschen nach Orientierung, und wenn diese Funktion – warum auch immer – nicht erfüllt ist, dann erhöht sich die Wahrscheinlichkeit, dass der erste, der glaubhaft sagt: »Da geht's lang!«, zum Charismatiker erhoben wird ...

Was interessiert dich in diesem Zusammenhang an Adolf Hitler?

Immer wenn heute nach Führung gerufen wird, dann wird sie positiv bewertet. Darin sehe ich auch Risiken. Die Nazis haben nicht umsonst ihr ganzes Modell auf das »Führerprinzip« umgestellt. Sie haben Deutschland so durchorganisiert, dass Personen eine ungeheure individuelle Macht erhalten haben. Es wurden antidemokratische Spielregeln etabliert, die den jeweiligen »Führern« mythische Fähigkeiten unterstellten bzw. ihnen eine Macht zugebilligt haben, die nur zu rechtfertigen gewesen wäre, wenn es sich um ideale Menschen – Helden – gehandelt hätte; was ja nicht nur nicht der Fall war, sondern ganz im Gegenteil, zu einer Negativselektion geführt hat.

Solch eine Machtfülle und die damit verbundene Abhängigkeit eines sozialen Systems, z. B. eines Unternehmens oder einer anderen Organisation, von den Kompetenzen und den Charakteristika einzelner Menschen ist extrem riskant für jedes soziale System. Wenn alles gutgeht und die Erwartungen an die jeweilige Person, die Führungskraft, erfüllt werden, dann kann sie eine Erfolgsstory schreiben. Wenn die so zugewiesene, nahezu unbeschränkte Macht aber in die falschen Hände fällt, so sind Katastrophen vorprogrammiert – wie wir sie in Deutschland ja studieren konnten.

Ich halte da mehr von Spielregeln, in denen formalisierte *checks and balances* dafür sorgen, dass jedes Individuum in seiner Begrenztheit gesehen wird und – falls es diese eigenen Grenzen nicht sieht – ihm diese Grenzen von außen gezeigt und gesetzt werden. Die Paradoxie eines Systems, in dem einzelnen Personen solch eine Wichtigkeit gegeben wird, ist, dass das Individuum gar keine Bedeutung mehr hat. Je wichtiger die einzelne Führungskraft als Individuum wird, desto unwichtiger werden alle anderen. Die Alternative zur Führung durch »charismatische« Einzelne besteht darin, möglichst viele verschiedene Leute mit unterschiedlichen Kompetenzen, Erfahrungen und Perspektiven in den Kommunikationsprozess und das Generieren von Entscheidungen einzubeziehen.

Ich bezeichne Kommunikation gern als »Mehrhirndenken«. Während die Assoziationen in einem Hirn immer nur an die eigenen Ideen anschließen, können sie sich in der Kommunikation mit fremden Ideen verbinden. Im Führerprinzip herrscht eine fixe Idee, der alle anderen folgen. Daraus resultiert eine extreme Konzentration der Aufmerksamkeit auf die Ideen einer einzigen Person. Eine Organisation, die sich dem ausliefert, läuft Gefahr zu verblöden, d. h., selber nicht intelligenter als diese eine Person zu sein.

Wenn ich es als Aufgabe von Führung sehe, mehrere Gehirne (Personen) oder kreative Quellen einzubeziehen, kann ich die Spielregeln der Kommunikation so beeinflussen, dass möglichst viele Leute den Mund aufmachen und auch, wenn es nötig ist, sagen: »Da liegst du schief.« In einer hierarchischen Struktur muss der Führer sich immer seinen Widerspruch selbst organisieren, weil er ihn spontan nicht kriegt. Doch wer macht das schon, obwohl sich meines Erachtens gerade darin seine Qualität zeigt?

Plädierst du also eher für eine nonhierarchische Führung?

Nein, denn es geht hier um eine Paradoxie. In hierarchischen Organisationsstrukturen steckt ein funktioneller Kern, weil sie ein Weg sind (nicht der einzige, aber doch ein bewährter), eine unüberschaubare Zahl an Menschen in ihren Aktionen zu koordinieren.

Nehmen wir die Armee als Beispiel. Einer sagt: »Wir marschieren alle nach rechts.« Dann geht's rechtsum und alle gehen nach rechts. Das kriegt man nur durch Hierarchie hin. Es funktioniert, weil jeder weiß, was er zu tun hat. Hierarchie macht Kommunikation überflüssig. Darin liegt sowohl ihre Funktionalität als auch ihr Risiko. Die wesentlich Qualität einer Führungskraft besteht darin, zu wissen, wann Hierarchie funktionell ist und wann nicht. Und sie ist immer funktionell, wenn es um Schnelligkeit geht und klar ist, was zu tun ist. Das heißt, wenn Entscheidungen schnell getroffen und umgesetzt werden können und müssen. Das setzt aber routinisierte Handlungsschemata voraus, etwa bei einem Notfall, bei der Feuerwehr, der Notfallmedizin etc. Da wäre es fatal, lange zu diskutieren. Auf der anderen Seite können solche Routinen natürlich auch tödlich sein: Als eine Maschine der *Swissair* vor einigen Jahren in der Nähe von Halifax abstürzte, zeigte die Analyse der Tonbänder aus dem Cockpit, dass es dort zu Rauchentwicklung gekommen war. Der relativ unerfahrene Kopilot wollte auf schnellstem Weg in Halifax landen, der erfahrende Pilot, der außerdem auch noch oberster Trainer der Piloten der *Swissair* war (wenn ich das richtig in Erinnerung habe), folgte den Notfallroutinen: Die Maschine stürzte ab, der unorthodoxe Lösungsweg des Kopiloten hätte alle gerettet. Hier hat die Hierarchie in den Tod geführt ...

Aber das ist eine Ausnahmesituation gewesen. Generell kann man wohl feststellen: In Situationen, in denen nach kreativen, neuen Lösungen gesucht wird, sind hierarchische Strukturen suboptimal. Man muss über andere Kommunikationsstrukturen verfügen. Man braucht das Mehrhirndenken. Im Gegensatz zur eingeübten Notfallroutine erreicht man die Entwicklung und Erfindung von Neuem am ehesten, wenn man möglichst viele unterschiedliche Gehirne »zusammenschaltet«, d. h. in Kommunikation miteinander bringt. Das kann man sich als Führungskraft natürlich nur leisten, wenn man weiß, dass gemeinsam etwas Intelligenteres produziert wird, als man es allein könnte, und außerdem persönlich die Stärke besitzt zu sagen: »Wir suchen gemeinsam eine Lösung, denn ich finde sie allein nicht.« Wer die Idee hat, als Hierarch müsse er auch inhaltlich der Schlaueste sein oder die anderen sollten es zumindest denken, kann das nicht riskieren.

Ein Hierarch muss wissen, dass er in seiner Intelligenz und in seinen Möglichkeiten begrenzt ist, damit er die Ressourcen des Unternehmens oder der Organisationseinheit, für die er Verantwortung trägt, nutzen kann. Er muss sich mit einem Team von Leuten umgeben, die das können, was er nicht kann. Darin liegt eine Größe, die viele Leute nicht haben. Führungskräfte haben Entscheidungen zu verantworten, das heißt, sie müssen Kommunikationsprozesse etablieren, die zu tragfähigen Entscheidungen führen (ob das durch die Zusammenstellung eines Leitungsteams gelingt oder die Etablierung bestimmter Organisationsstrukturen, ist eigentlich egal). Und sie müssen das, was sie machen, plausibilisieren, wenn sie mit intelligenten Menschen zusammen sind. Wer möchte, dass das gemacht wird, was er sagt, ohne dass es hinterfragt wird, der muss Idioten einstellen.

Außerdem müssen Führungskräfte sich eingestehen können, dass das, was sie gut können, nicht immer das ist, was hier und jetzt gebraucht wird. Es gibt Leute, die werden geholt, weil sie gute Sanierer sind, und sanieren immer noch, wenn schon längst keine Sanierung mehr benötigt wird. Und es gibt Integrationsfiguren, die integrieren immer noch, wenn eigentlich klare Schnitte anstehen. Die Fähigkeit, zu switchen und in den konkreten Situationen jeweils etwas anderes zu machen, darin liegt auch eine Kunst des Führens. Da diese Kunst von so wenig Menschen beherrscht wird, behelfen sich Organisationen meist damit, dass sie Personen austauschen.

Glaubwürdigkeit kann also nur über Transparenz erreicht werden?

Über Transparenz *und* Konsistenz. Ich darf nicht das eine predigen und das andere tun. Wenn gesagt wird: »Wir müssen Kosten senken«, und gleichzeitig werden die Gehälter des Vorstands erhöht, dann ist das nicht sonderlich konsistent.

Wenn man Führung als Risiko denkt, doch mal ganz woandershin zu gehen – wie korrespondiert das mit deiner Aussage »Gemeinsam sind wir blöd«?[21] *Steckt darin nicht der Ruf nach einem starken Mann?*

Nein, denn hier geht es um eine Paradoxie, das heißt nicht mehr und nicht weniger als die Quadratur des Kreises. Man braucht eine starke Führung, die einen nichthierarchischen Lösungsprozess initiiert. Das ist wie in guten Teams. Dort existiert meist formal ein Chef, der aber genau weiß, dass er alle anderen braucht, um seine Arbeit gut zu machen. Genau dadurch kann er auf der Inhaltsebene eine nichthierarchische Kommunikation ermöglichen, die sachbezogen nach den besten Lösungen sucht. Das aber funktioniert nur im Schutz der formalen Klarheit. Wenn das nicht der Fall ist, werden inhaltliche Fragen oft genug zu Machtkämpfen benutzt.

21 Fritz B. Simon (2004).

Von einer Führungskraft erwarte ich, dass sie in der Lage ist zu sagen: »Ich umgebe mich mit Leuten, die in ihren Fachgebieten kompetenter sind als ich. Und meine Kompetenz und Verantwortung besteht darin, sie zusammenzubringen und dafür zu sorgen, dass aus ihrer Kommunikation etwas entsteht, was intelligenter ist als das, was ich oder jeder andere alleine machen schaffen würde.« Das ist das Gegenteil von: »Gemeinsam sind wir blöd.«

Du hast dich mit Familienunternehmen als Erfolgsmodell beschäftigt.[22] *Werden gerade solche aber nicht von starken Patriarchen geleitet? Wie geht das zusammen?*

In unserer Wittener Studie zu langlebigen Familienunternehmen hat sich gezeigt, dass akzeptierte und wirksam führende Patriarchen ihre Macht nicht dadurch erhalten, dass sie formal Mehrheitseigner sind, sondern weil alle anderen Anteilseigner und auch die Mitarbeiter im Unternehmen davon überzeugt sind, dass sie ihre Entscheidungen nicht aus egoistischen Gründen treffen. Sie setzen das Überleben des Unternehmens an die erste Stelle. Daraus entsteht eine Glaubwürdigkeit, der man auch patriarchale Gesten nachsieht, solange alle das Gefühl haben, sie kommen auf ihre Kosten.

Ist das auch ein Plädoyer für diese Form von Führungstyp an der Spitze von Konzernen?

Da stellt sich die Frage, wer in börsennotierten Konzernen überhaupt Karriere macht und die Chance hat, an die Spitze zu kommen. Jim Collins[23] hat in einer bemerkenswerten Untersuchung Unternehmen studiert, die über 15 Jahre den S&P-Index in ihrer Kursentwicklung geschlagen haben. Sie zeigten ähnliche Karrieremuster, wie man sie in Mehr-Generationen-Familienunternehmen findet. Nur in einer einzigen Firma gab es im Topmanagement so genannte Jobhopper. Alle anderen hatten in der einen Firma ihre Karriere gemacht. Diese gegenseitige Bindung von Personen und Unternehmen ist offenbar auch ökonomisch funktionell. Wenn man die Perspektive hat, lange miteinander zu tun zu haben, entwickeln sich eben mit einer gewissen Wahrscheinlichkeit dazu passende Kriterien für Entscheidungen.

---

22 Fritz B. Simon, Rudi Wimmer und Torsten Groth (2005)
23 Jim Collins (2003).

Eine deiner Formulierungen lautet: »Den Mythos der Entscheidungen managen«.[24] Was meinst du damit?

Mir scheint, dass der Mythos des einsamen Entscheiders ein wenig angekratzt gehört. Der Führungskraft wird zugeschrieben, dass sie ihre Entscheidungen ganz alleine trifft. Mir scheint es angemessener, davon auszugehen, dass die Entscheidung sich gewissermaßen selber trifft, d. h., mir scheint es problematisch, sie einer Person kausal zuzuschreiben. Sie ist Resultat eines Kommunikationsprozesses, bei dem Alternativen konstruiert und bewertet werden, und irgendwann wird dann das eine getan und das andere nicht. Einer muss diese Entscheidung dann zwar verantworten, aber nicht er hat die Entscheidung gefällt, sondern der Kommunikationsprozess. Das weiß jeder, der schon einmal von seinen Mitarbeitern durch Power-Point-Folien »geführt« worden ist ...

Der vermeintliche Entscheider ist allerdings derjenige, dessen Rolle unter anderem darin besteht, dafür zu sorgen, dass Entscheidungen überhaupt zustande kommen – dazu gehört womöglich auch die Entscheidung, nicht zu entscheiden. Und dafür wird er auch bezahlt ...

Liegt denn in dieser Dekonstruktion der Zuschreibung nicht die Gefahr, dass der »Zauber des Führens« nicht mehr wirkt?

Aber wenn wir das offenlegen, entsteht doch ein neuer Zauber. Führung misst sich eben nicht an der Genialität der Ideen und Entscheidungen von Individuen. Wenn ich als Führungskraft etwa inhaltlich Nützliches beisteuere, dann wird das ohnehin bemerkt. Natürlich gibt es zwischen Führungskräften und Mitarbeitern formale Unterschiede und natürlich Unterschiede in der Bezahlung. Aber das muss ja nicht mit Selbstaufwertung oder -abwertung verbunden sein.

Wer auf das eigene Charisma setzt, baut auf seine Idealisierung durch andere Leute. Wer das macht, kommt in die Klemme. Denn er wird dann mit unrealistischen Erwartungen konfrontiert. Das ist eine Belastung, der keiner auf Dauer gerecht werden kann, weder psychisch noch faktisch. Abgesehen davon, dass Idealisierungen nur eine Zeit lang halten, denn irgendwann platzt die Blase dann doch. Ich finde es komisch, dass Leute, die sich Rationalität auf die Fahne schreiben, permanent auf Idealisierung setzen.

---

24 Fritz B. Simon (1997).

Vermutlich steht auch eine solche Haltung für etwas. Was könnte die Funktion dessen sein?

Die liegt zunächst mal in der Unsicherheitsabsorption: Die eigene Unsicherheit zu überspielen und so zu tun, als ob man wüsste, wo es langgeht, hilft natürlich auch den Mitarbeitern. Denn auch für sie wird so die »Unsicherheit absorbiert« (wie es in der Organisationstheorie heißt), denn sie können ihre Entscheidungen an den Entscheidungen des »charismatischen« Führers orientieren. Man wird nicht durch innere Konflikte auseinandergerissen und kann das Vertrauen in den idealisierten Führer nutzen, um sich selbst Verantwortung zu entlasten.

Ist das ein Plädoyer für »Teams an die Spitze«?

Ja, aber ich würde für den Notfall eine formale Hierarchie einführen, um Pattsituationen zu verhindern. Die Leute im Team sollten sich jedenfalls mögen. Das kann man zwar nicht anordnen, aber man kann bei Personalentscheidungen schon gegenseitige Sympathie als Auswahlkriterium zugrunde legen. Denn da die Zukunft generell nicht vorhersagbar ist, tut man gut daran, wenigstens in den persönlichen Beziehungen etwas Berechenbares zu haben. Wenn die Mitglieder eines Leitungsteams das Gefühl haben, alle würden 75 % ihrer Arbeitszeit an den Stühlen der anderen sägen, so werden sie keine Kommunikationsmuster miteinander realisieren können, die zu sachlich angemessenen Entscheidungen führen.

Die Personalauswahl sollte – ich wiederhole das, um es zu unterstreichen – immer auch Sympathie und Antipathie berücksichtigen. Denn sachliche Auseinandersetzungen werden erst auf Basis persönlich tragfähiger Beziehung möglich. Konfliktfähigkeit ist aber nötig, damit die kollektive Intelligenz des Teams größer wird als die jedes einzelnen Teammitglieds. Deswegen muss auch zu viel Übereinstimmung und Gleichheit bei den zu versammelnden Persönlichkeitstypen vermieden werden. Die große Aufgabe von Führung – was hier nicht unbedingt als persönliche, sondern auch als gemeinsame Aufgabe verstanden werden kann – besteht darin, harte, sachbezogene Auseinandersetzungen möglich zu machen. Auf der Basis von Sympathie Auseinandersetzung und Konflikt ermöglichen, es geht immer um diese Paradoxie.

Fritz, wie bekommt man deiner Meinung nach Autorität und Einfluss?

Autorität gewinne ich als Führungskraft allein durch die Glaubwürdigkeit meiner Geschichte in und mit dem Unternehmen. Ich werde daran gemessen, ob meine Vorschläge und Beiträge für das Ganze nützlich waren – und nicht nur für mich.

Hängt das aber nicht auch damit zusammen, wie ich die Kurswechsel, die ich angesichts veränderter Sachlagen durchführen muss, kommuniziere?

Ich finde hier diese Seefahrermetaphern ganz passend: Ein Sturm kommt auf, deswegen ändern wir den Kurs, aber wir sitzen immer noch im selben Boot, und irgendwie kommen wir da gemeinsam durch ...

Der damit einhergehende erhöhte Kommunikationsaufwand läuft allerdings wieder gegen die Dringlichkeit der anliegenden Probleme ...

Deswegen muss man sich in Entscheidungssituationen immer fragen: Habe ich genug Zeit oder nicht? Es ist Quatsch, eine Entscheidung zu treffen, die noch nicht getroffen werden muss und wenn noch nicht alle Optionen ausgelotet sind. Es ist eine der Funktionen der Führungskraft, festzustellen, ob Zeit für Reflexion und ausführliche Kommunikation gegeben ist oder nicht.

Wie wird sich das Thema Führung in Zukunft darstellen?

Das weiß ich nicht. Ich kenne jedenfalls nur ganz wenige Menschen, die zurzeit nicht an einem Führungsbuch schreiben ...

Sehr witzig. Aus deiner Sicht scheint also kaum prognostizierbar, ob die Auseinandersetzung um Charisma sich dem Ende zuneigt oder ob noch einmal ein Schub kommt?

Wir befinden uns eher in einer Phase, wo uralte, verstaubte Modelle wieder ausgegraben werden. Das Charisma gehört genauso wie die neoliberale Wirtschaftspolitik dazu. Wir haben es hier mit so etwas wie einem atavistischen Rückfall in frühkapitalistisches Denken zu tun. Da stehen dann, aus der einen Perspektive gesehen, charismatische Helden an der Spitze des Unternehmens, und aus der anderen gierige egoistische Ausbeuter, die ihren eigenen Vorteil auf Kosten des großen Ganzen suchen. Ich würde wetten, dass wir auch eine Renaissance des Marxismus erleben werden ...

Okay, eine letzte Frage noch: Was ist aus deiner Sicht das größte Missverständnis bezüglich Führung?

Dass man die Personen aus dem Kontext reißt, in dem sie agieren – ihn gewissermaßen »wegdenkt«. Es kommt nie allein auf die Personen an, sondern immer auf Personen im Kontext der Kommunikations- oder Organisationsstrukturen, in denen sie agieren.

Fritz, ich danke für die vielen Anregungen und Hinweise!

5. Spielzüge: Praxis der Führung

In unseren bisherigen Betrachtungen haben wir in erster Linie jene Veränderungen beschrieben, die Führung als spezifische Funktion innerhalb von Organisationen in Frage stellen. Wir haben dabei festgestellt, dass die gestiegene Komplexität innerhalb der Organisationen samt ihrer Umwelten, die Ausdifferenzierung der Führungsfunktion im Sinne einer Sorge ums Ganze und die irreduziblen Widersprüchlichkeiten des Organisationsalltags eine völlig neue Bestimmung des »Wie« der Führung nach sich ziehen. Vor allem die Paradoxien der Entscheidung sowie der grundsätzlichen Unbestimmbarkeit von Zukunft bei gleichzeitiger Notwendigkeit ihrer Bearbeitung führten uns das Grunddilemma vor Augen, das nach Antworten auf die Frage nach der konkreten Umsetzung der gewonnenen Einsichten verlangt: *Was tun, um den Laden/die Truppe angesichts so fundamental veränderter Voraussetzungen zusammenzuhalten?* Und, mit Blick auf die Praxis der Führung: Was eigentlich macht ihre Qualität aus? Mit anderen Worten: Wie lässt sich die Dienstleistung »Führung« überhaupt beurteilen und, daran anschließend, verbessern? Im Folgenden einige Überlegungen zu diesen Fragen, die sich über weite Strecken auf die langjährige Arbeit und Auseinandersetzung abstützen, die wir selbst als Unternehmen in der Beratung, Begleitung und Qualifizierung von Führungskräften gesammelt haben.

Was zeichnet »gute« Führung aus?

Beschäftigt man sich etwas intensiver mit der Frage nach Sicherung und Steigerung der Qualität der Führung, so wird recht schnell deutlich, dass beides – wenn überhaupt – systematisch in erster Linie (und zunächst vorwiegend in Wirtschaftsunternehmen) durch Management-Audits und die dabei erzielten Einblicke in die individuellen Potentiale der Managementebene betrieben wird. Eine recht gute Übersicht zum Stand der Dinge findet sich bei Wucknitz (2002). Die Identifikation von Leistungsträgern auf der einen sowie »Versagern« – *low performers* – auf der anderen Seite gibt die Grundlage für konkrete Maßnahmen im Rahmen einer Personalentwicklung, frei nach dem Motto: Bessere Stürmer, mehr Tore! Diese Entwicklungsstrategie greift jedoch unserer Erfahrung nach in mehrfacher Hinsicht zu kurz.

Wir wollen das mit Hilfe der folgenden Beobachtungen und Überlegungen deutlich machen.

Management Teams

Führung ist eine Teamleistung, die von den Führungskräften gemeinsam erbracht wird. Dies gilt schon dreimal für den hier skizzierten Trend der Komplexitätszunahme in und um Organisationen. Die Vorstellung, dieses Spiel mit nur einem Kopf an der Spitze gewinnen zu wollen, ist bestenfalls naiv – schlimmstenfalls gefährdet sie die Existenz der Gesamtorganisation. Ebenso übrigens wie die Idee des Einzelkämpfertums auf den mittleren Etagen, das allen aus strukturellen Widersprüchen erwachsenen Verhandlungsnotwendigkeiten aus dem Weg geht und »sein Ding macht«: Die Blockaden der Produktivität sind vorprogrammiert, wie jeder bestätigen kann, der schon mal mit eigenen Augen gesehen hat, wie ausreichend potente und mit genügend Ressourcen ausgestattete Projektteams oder Abteilungsgrenzen überschreitende Kooperationen aufgrund von Egotrips Einzelner den Bach runtergegangen sind. Die Arbeit mit solchen Egomanen zieht eine Welle der Demotivation nach sich, die weit über den aktuellen Arbeitsbereich hinaus Schaden anrichtet. Diese Aussagen gelten übrigens völlig unbeschadet aller Rufe nach charismatischen Leadern und »one (wo)man shows« (deren Entlastungsfunktion wir uns ja bereits näher angeschaut haben). Mit anderen Worten: Führung folgt den Prinzipien und Regeln eines Mannschaftssports. Dafür braucht es – und das ist nur auf den ersten Blick widersprüchlich – auf allen Positionen hervorragende Einzelspieler, die im Zusammenwirken mit anderen voll zur Geltung kommen. Die Arbeit an der Teamfähigkeit gehört damit zu den herausragenden Anforderungen an ein qualitativ hochwertiges Management; und wird bei Qualitätsoffensiven zur Stärkung der Führung regelmäßig übersehen. Dies gilt insbesondere für den Fall von Topmanagementteams, da dort oft sowohl aufgrund der Karriereerfahrungen bzw. persönlichen Disposition der einzelnen Mitglieder (Stichwort: Ellbogen!) als auch der spezifischen Dynamik von Topteams besondere Bedingungen gelten.

Um die praktischen Aspekte dieser Überlegungen nicht zu kurz kommen zu lassen, sei an dieser Stelle etwas näher auf ebenjene Besonderheiten eingegangen. Unserer Erfahrung nach sind es vor allem die folgenden kritischen Szenarien, die bei der Arbeit mit Topmanagementteams erhöhter Aufmerksamkeit und oft auch beherzter Interventionen bedürfen:

Szenario 1: Aufgrund der besonderen Spitzenposition dieser Teams entsteht die Gefahr, allein zahlenmäßig eine Größe zu erreichen, die die Arbeitsfähigkeit des Teams mehr und mehr einschränkt. Da die Zugehörigkeit zu dieser Führungsgruppe von großer (und sei es nur symbolischer) Bedeutung ist, entsteht ein permanenter Druck, neue Mitglieder aufzunehmen. Rituelle Mitgliedschaften (Motto: »Dabei sein ist alles«) und extrem ausgedehnte Abstimmungs- und Auseinandersetzungsprozesse (Stichwort: »Es ist bereits alles gesagt, nur noch nicht von jedem«) bringen die Arbeit in diesem Gremium zum Stillstand. In der Organisation macht sich das Gefühl breit, die zentralen Fragen der Überlebenssicherung in die Hände eines Saunaclubs gegeben zu haben. Mit erodierender Autorität macht sich oben die Tendenz breit, parallel zu den regelmäßigen Meetings weitere Treffen in kleineren Subeinheiten zu organisieren, in denen »tatsächlich« entschieden wird. Zunehmende Konkurrenz (wer gehört zur In-Szene, wer muss leider draußen bleiben) sät Misstrauen unter allen Beteiligten und führt zu Intrigen und bilateralen Absprachen zur Koalitionsbildung. Aus dem harmlosen Saunaclub wird ein aggressives Überlebens-Camp, das vor der laufenden Kamera aufmerksamer Beobachter in der Selbstbeschäftigung verschwindet. Kommt zu diesem Szenario noch der Sachverhalt dazu, dass der verantwortliche CEO bereits in der Situation ist, sich um eine Nachfolge kümmern zu müssen, erhält das Überlebens-Camp verschärfte Rahmenbedingungen, die den Schlammfaktor deutlich nach oben treiben. Politische Manöver, individuelle Positionierungen und laufende Scharmützel zur wechselseitigen Dekonstruktion professioneller Zuschreibungen machen die Arbeit im Team zur einer durch und durch destruktiven Angelegenheit. Die Treffen werden zu einer Schaubühne sorgfältig vorbereiteter Inszenierungen, die einzig und allein dem Zweck dienen, sich selbst in Szene zu setzen und keinerlei offene, geschweige denn kritische Fragen zuzulassen, mit der die bis ins Letzte ausgefeilte Choreografie der Powerpoint-Charts unterbrochen werden könnte.

Szenario 2: Wegen des operativen Stresses des »daily business« und der in dieser Position oftmals erhöhten Abwesenheits- und Reisezeiten findet das Team keinen Rhythmus, der ein kontinuierliches Arbeiten ermöglichen würde. Das Nachfassen gemeinsam getroffener Entscheidungen, die nachhaltige Durchdringung schwieriger, da komplexer Fragestellungen, der Aufbau vertrauensvoller Kooperationsbeziehungen, all dies wird durch permanente Fluktuation und unregelmäßige Anwesenheiten verunmöglicht. In internationalen Organisationen kommen

> dazu dann noch die üblichen Einschränkungen, die der grenzüberschreitenden Zusammensetzung eines Teams unausweichlich geschuldet sind: geografische Entfernungen, Sprachbarrieren, Verschiebungen in den Zeitzonen (»Sorry, I didn't mean to wake you up at night«) sowie interkulturelle Eigenheiten und Missverständnisse tun ihr Übriges, um die Effizienz solcher Teams effektiv zu untergraben. Wenn dann dazu noch unscharfe Erwartungen und nicht sauber geklärte Rollen hinzukommen (»Sorry, ich dachte, wir seien hier, um eine Entscheidung zu treffen«), ist das Durcheinander perfekt: wechselseitiger Frust, Ärger und Demotivation können nicht ausbleiben. Aufmunternde Appelle des CEOs (»Forza!«), sich doch um entsprechende Teamkooperation zu bemühen, werden gewissenhaft und mit ernsten Blicken gekontert. Um den Schein zu wahren – vor allem in der Anwesenheit des CEOs –, werden allerhand kosmetische Maßnahmen in die Welt gesetzt, die nach allen Richtung den Anschein erwecken sollen: Hier arbeitet ein guteingespieltes Team von erfahrenen Profis. Hinter den Kulissen sieht es allerdings aus wie, ja – wie bei Hempels unter dem Sofa. Ist der CEO ungeübt in der Bewältigung solcher Situationen, besteht das Risiko eines Kuschelteams: Statt konstruktiver Auseinandersetzungen greifen leere Debatten um sich, Scheinkonsens und Larifari-Entscheidungen werden Standard. Verantwortungsvolle Risikoübernahme (»Ich bin doch nicht blöd«) verläuft in einem sich ausweitenden Führungsvakuum, das Team verkommt zum Friedhof der Kuscheltiere. Ähnliche Symptome lassen sich beobachten, wenn das Team vom CEO dazu eingeladen wird, gemeinsame Sache zu machen, um anschließend (zwischen den Zeilen) zu erfahren, dass es doch nicht so gemeint war. Zynismus macht sich breit, und statt mit der klaren Erwartung eines durch Synergie erzielten Mehrwerts zu operieren, werden einzig und allein singuläre Informationen abgeliefert, die unverbunden nebeneinanderstehen und jegliche gemeinsame Entscheidungsfindung ad absurdum führen. Die Scheu vor Konflikten und ein bereichsspezifischer Fokus tun ihr Übriges, um das Managementteam vom Top zum Flop werden zu lassen – mit entsprechender Vorbildwirkung für den Rest der Organisation (Stichwort: Rollenmodell).

Bezogen auf mögliche Stellhebel, sehen die beraterischen Zugriffsmöglichkeiten (wie so oft) viel einfacher aus, als ihre tatsächliche Umsetzung es vermuten lassen würde. So simple Modelle wie etwa das englischsprachige GRPI (siehe Abbildung »Goals ...«) zeigen die entsprechenden kritischen Erfolgsfaktoren, die – im Fall ihrer Beherzigung – relativ zügig zu positiven Ergebnissen in solchen Settings führen.

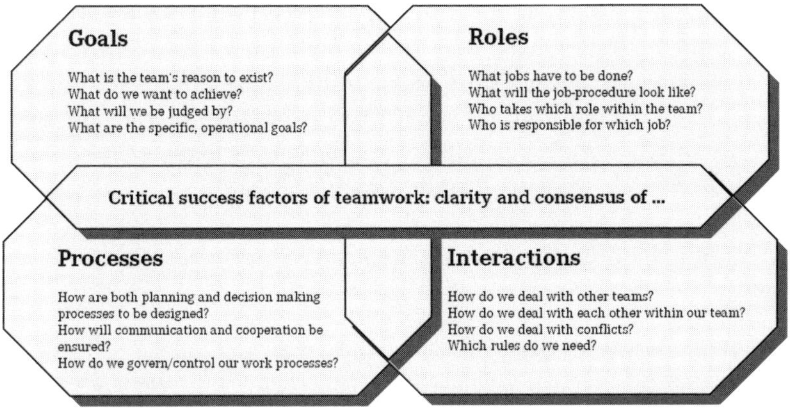

Abb. 3: Erfolgsfaktoren für Teamarbeit

Aufgrund unserer praktischen Erfahrung in der Arbeit mit Topmanagementteams lassen sich bezüglich der Besonderheiten dieser Konstellation folgende Erfolgsfaktoren zusammenfassen:

- Aufgrund der Zusammensetzung solcher Teams (ausgeprägt ehrgeizige Einzelspieler) ist darin die Tendenz zu Kooperation und Teamwork die Ausnahme, nicht die Regel. Ohne starke Führung und entsprechende Investition in die wechselseitige Bindung ist die Wahrscheinlichkeit einer »selbstgesteuerten« Zusammenarbeit nicht sehr hoch.
- Ohne Verankerung in den entsprechenden Ziel- und Incentivierungsprozessen sind kollektive Arbeitsanstrengungen zum Scheitern verurteilt. Klare Präferenz für eine (positive) Bewertung von Einzelleistungen und entsprechende Bonusregelungen unterlaufen die proklamierten Motive einer gemeinsamen Zielerreichung.
- Unklare Rollenerwartungen und vor allem eine ungesteuerte Nachfolgedynamik im Fall eines älteren CEOs sabotieren sämtliche Teamanstrengungen; Positionskämpfe und Rivalität unter den Mitgliedern des Teams bringen dann eine (außengerichtete) Beschäftigung mit überlebenswichtigen Fragen der Organisation zum Stillstand.
- Last, but not least: Die Steuerung solcher Teams (meist durch den CEO) ist zentrales Erfolgsmoment aller Teamperformance. Ohne eine sorgfältige Balance zwischen Beteiligung und Aus-

richtung ist das Team zum Scheitern verurteilt. Sowohl Laisser-faire im Rahmen der berühmt-berüchtigten »Kumpelnummer« (Stichwort: Pizza-Connection, mittlerweile immer öfter auch: Sushi-Connection) als auch unangemessene Härte und autokratisches Auftreten (Stichwort: *big boss*) bringen echtes Teamwork meist schnell, immer jedoch nachhaltig zum Erliegen.

In seinen Überlegungen zur *Zukunft von Führung* fasst Rudolf Wimmer (1996) diese Aspekte wie folgt zusammen:

> »Führung ist als das zentrale Qualitätsmerkmal für die Selbststeuerungsfähigkeit einer Organisation anzusehen. Wir müssen aufhören, Führung und Selbstorganisation als Gegensätze zu sehen. Diese Entgegensetzung stammt aus der Zeit, als Hierarchie für Fremdbestimmung stand und die Gruppe als Ort der Emanzipation von diesem Fremdbestimmtsein gegolten hat. Für die heutigen Organisationsverhältnisse sind diese Denkmuster vielfach zu einfach gestrickt.«

Dem ist wenig hinzuzufügen.

Intelligente Lernarchitekturen

Ein weiterer Schlüssel zu qualitativ hochwertiger Führung ist das Verständnis, mit dem die Qualifizierung, besser Pflege von Führungskräften von den zuständigen Stellen – dies ist meist der Personalbereich, oft mit entsprechend ausdifferenzierter Spezialfunktion: die Personalentwicklung – aufgesetzt wird. Wird dort der Ruf nach »normierten« Führungskräften unhinterfragt aufgenommen (oder – oft in Ermangelung von Alternativen und in einem falsch verstandenen Bemühen um den Ritterschlag der »Business-Partnerschaft« – selbst generiert), lassen sich eine Anzahl von Folgeauswirkungen beobachten, die den in unseren vorlaufenden Ausführungen genannten Anforderungen an ein komplexes Führungsgeschäft schlicht zuwiderlaufen.

So setzt unseren Beobachtungen nach der Ruf nach Tools & Toys (Stichwort: Checklisten!) oft auf der Illusion auf, dass Manager automatisch eine bessere Steuerungsleistung hervorbringen, wenn man sie nur ausreichend mit Rezeptwissen und Handlungskompetenz versieht. Leider läuft dieser Optimismus im nichttrivialen Organisationsalltag angesichts der grundsätzlichen Nichtsteuerbarkeit des Systems ins Leere. Wie wir gesehen haben, kann man als Führungskraft allenfalls Rahmenbedingungen im Sinne einer indirekten Steuerung schaffen, welche die Wahrscheinlichkeit erhöhen, dass sich das Unternehmen, der Bereich, die Abteilung, das Team in die gewünschte Richtung entwickelt: Wir sprechen hier von dem bereits vorgestellten »buddhistischen Weidezaun«.

Mehr noch: Dem ausschließlichen Blick auf die Einzelkompetenzen entgeht die Sicht auf die strukturellen Voraussetzungen und Spielregeln, die *hinter den Kulissen der Organisation* (so der Titel von Mara Selvini Palazolli 1981) Handlungsmöglichkeiten und -grenzen bestimmen. Hier gilt es, die etablierten Spielarten des Managements zu erkennen, benennbar zu machen und organisationale Phänomene nicht verkürzt und defizitorientiert (im Sinne einer »Suche nach den Schuldigen«) auf einzelne Personen zurückzuführen. Dieses für die indirekte Navigation und Steuerung unabdingbare Wissen allen Verantwortlichen zugänglich zu machen ist eines der Qualitätsmerkmale guter Führung. Im erweiterten Sinne gehört dazu auch, dass eine generelle Aussage über die Qualität des Managements ohne Berücksichtigung des jeweiligen Unternehmenskontexts schwierig bzw. unmöglich ist. Das liegt schlicht daran, dass insbesondere das General Management sich auf der Grenze zwischen dem Unternehmen und seiner Umwelt bewegt, um es mit notwendigen Irritationen und Anstößen aus der Umwelt (vom Kunden bzw. vom Markt aus) zu versorgen. Je nach Grenzverlauf und umgebendem Terrain sind die notwendigen Leistungen mal einfacher, mal schwieriger zu erbringen.

In der Beschäftigung mit intelligenten Lernarchitekturen haben wir in unserer Arbeit eine Anzahl von »Spielregeln« entwickelt, die dabei helfen können, in der Gestaltung der entsprechenden Lernarchitekturen sowohl die Business-Relevanz aller aufgelegten Programme und Maßnahmen im Auge zu behalten als auch die strategischen Implikationen im Sinne einer »Unternehmensentwicklung« konsequent auf die Agenda der inhaltlichen Auseinandersetzung mit den jeweils zuständigen internen Personalverantwortlichen zu setzen. Ohne dass wir die Bedeutung eines systematischen Aufbaus von Führungsfertigkeiten im Sinne der Aneignung von alltagspraktischen Werkzeugen und Methoden in Abrede stellen, wird im Rahmen der von uns jeweils maßgeschneiderten Qualifizierungsprogramme der individuelle Aufbau von Führungs-Know-how konsequent eingebettet in den Organisationskontext mit seinen aktuellen Herausforderungen und Fragestellungen. Erst so wird die Qualifizierung von Führungskräften zu einer sinnvollen Investition für die Gesamtorganisation – im Sinne der Arbeit an *organizational capabilities*, d. h. den organisationalen Fähigkeiten. Zu den wichtigsten Leitlinien bei dem Aufbau solcher intelligenter Lernarchitekturen zählen für uns:

- *Hohe Handlungsorientierung durch Methoden des erfahrungsorientierten Lernens* (action learning approach)

Die einzelnen Elemente bzw. Module der sorgfältig geplanten Programme sind grundsätzlich handlungsorientiert: Das Programm gruppiert sich um die Bewältigung von schwierigen Problemstellungen aus dem Aufgabengebiet der Teilnehmer und Teilnehmerinnen. Diese lernen sozusagen an Echtfällen und erarbeiten sich dafür den theoretisch-methodischen Hintergrund. Die Teilnehmer erhalten die Gelegenheit, unterschiedliche Verhaltensweisen und Lösungen für konkrete Führungssituationen zu erproben und die Wirkungen der eigenen Handlungsweisen zu reflektieren. Dazu dienen Übungen, Rollenspiele, Gruppeninteraktionen, Simulationen und »lebende« Fallstudien. Ein solches Vorgehen bringt alle Teilnehmerinnen in eine aktiv gestalterische Rolle und fördert die Übernahme der Selbstverantwortung für den eigenen Lernprozess. Gleichzeitig stimuliert dies den Ehrgeiz aller Beteiligten, zu Lösungen zu kommen, die sich in der jeweiligen Unternehmenspraxis bewähren können. Vertiefende Hinweise zu Geschichte, konzeptionellem Zugang und empirischen Studien finden sich beim deutschsprachigen Klassiker von Otmar Donnenberg (1999).

- *Praxisorientierung: Pendeln zwischen Workshop und Arbeitsalltag*

Der Lernprozess ist über mehrere Etappen angelegt: Nach dem gemeinsam geschlossenen Kontrakt mit allen Teilnehmern folgen die inhaltlich aufeinander aufbauenden Workshop-Module. Der jeweils daran anschließende Arbeitsalltag im Unternehmen ist bewusst als Teil des Programms konzipiert. Hier können die Teilnehmer ihre im Workshop gewonnenen Anregungen aufgreifen und damit experimentieren, unterstützt durch die während des Workshops gebildeten Peer-Groups und die über die gesamte Laufzeit des Programms stabil gehaltene Trainerkonstellation. Es folgt dieser Phase meist ein Telefonreview (besser: ein eintägiger Nachfolgeworkshop), bei dem die Praxiserfahrungen ausgetauscht und Inhalte zum Thema »Führung« weiter vertieft werden können. Indem die Teilnehmerinnen mit ihrer alltäglichen Führungspraxis konfrontiert und gegenseitig in Beziehung gebracht werden, wird wirklichkeitsnahes Lernen provoziert. Durch die persönliche Integration der Teilnehmer in einen nachhaltigen Lern- und Unterstützungsprozess wird weniger Überfliegerwissen generiert; an der Stelle von abstrakten Fallstudien stehen konkrete Herausforderungen, die im Sinne des Unternehmens bewältigt werden müssen.

- *Die Teilnehmergruppe als Lernfeld*

Die Gruppe der Teilnehmer ist selbst der zentrale Nährboden für die Weiterentwicklung des eigenen Managementpotentials. Der Vergleich mit den anwesenden Kollegen und Kolleginnen, die permanente Konfrontation mit ihren Auffassungen, die offenen Rückmeldungen zu den Wirkungen des eigenen Verhaltens, das Erleben des gemeinsamen Wachsens in einer Atmosphäre der Offenheit und wechselseitigen Wertschätzung – all das schafft zusammen ein Lernklima, das ganz unterschiedliche Begabungen der Teilnehmer zur Entfaltung bringt. Durch die Lernarchitektur werden die Teilnehmerinnen dazu gebracht, immer wieder auch über den Rand ihres Funktionalbereiches hinweg voneinander zu lernen. Im Verlauf des Programms kann so ein stabiles Beziehungsnetzwerk entstehen, welches auch über das Programm hinaus weiterwirkt und bei Bedarf nachhaltige gegenseitige Unterstützung ermöglicht.

- *Integratives Vorgehen*

Die von uns entworfenen Lernarchitekturen zielen darauf ab, das kognitive Managementwissen und die soziale Kompetenz der Teilnehmerinnen in enger Wechselwirkung miteinander zu entwickeln. Ähnlich wie der Führungsalltag jeweils die ganze Person des Managers – seine persönliche Integrität, seine analytischen Fähigkeiten, sein Gestaltungs- und Durchsetzungsvermögen etc. – verlangt, so legen wir in unseren Lernarchitekturen großen Wert darauf, Lernarrangements zu entwickeln, die eine gesamthafte Entfaltung der Teilnehmer und Teilnehmerinnen fördern.

- *Reflexion von Person und Organisation*

Alle Führungskräfte reflektieren und gestalten ihr Handeln in konkreten Praxissituationen stets aus einer bestimmten Funktion heraus. In der Arbeit an den Fällen der Teilnehmer und Teilnehmerinnen findet deshalb Qualifizierung fortwährend auf drei Ebenen statt: der Ebenen der Reflexion der persönlichen Anteile an der zu beobachtenden Führungsdynamik; die Ebene der Auseinandersetzung mit dem eigenen Rollenbild; sowie der Ebene der Überprüfung von Gestaltungsmöglichkeiten in der jeweiligen Funktion. Die Integration der Arbeit auf allen drei Ebenen erhöht die Nachhaltigkeit von Off-the-job-Lernangeboten: Welches ist der Anteil der Person an der beobachteten Systemdynamik? Welche Handlungsalternativen wären aus der eigenen Rolle möglich? Mit welchen Konsequenzen wäre in dem Fall zu rechnen? Was ist im Unternehmen gelebte Praxis, Kultur und strategische Zielsetzung? In all diesen Fragestellungen werden strukturierte, kognitiv orientierte Angebote (Modellprozesse, konzeptuelle Landkarten und Instrumente etc.) durch ihre emotionale Verankerung (»Es geht hier um mich!«) und Verknüpfung mit dem Alltag (»Das kann ich gut gebrauchen!«) in besonderer Weise thematisiert.

Fassen wir zusammen: Die Förderung von individuellen Leistungsträgern erhöht nicht automatisch die organisationale Kompetenz im Umgang mit Komplexität und widersprüchlichen Situationen. Die Unsicherheit hinsichtlich des Ganzen lässt sich nicht an einzelne, gutausgebildete Führungskräfte delegieren. Auf diese Weise entzöge sich die Organisation bloß der Notwendigkeit von Zielkonflikten. Hier ist die in den meisten größeren Organisationen institutionalisierte Form des Management Development aufgefordert, intelligente Lernarchitekturen zu entwickeln und angemessen zu implementieren, um entsprechende Fähigkeiten und Fertigkeiten ebenenspezifisch und damit flächendeckend im Sinne von organisationalen Fähigkeiten zu verankern – hier verstanden als (horizontales wie auch vertikales) Zusammenspiel von Führungsteams, getragen vom Anliegen der Funktionsfähigkeit der einzelnen Einheiten, welches in den Dienst der Überlebensfähigkeit der Gesamtorganisation gestellt wird.

Die Aufgabenfelder von Führung

Wenn wir in der Folge weitere Überlegungen dazu anstellen, welche alltagspraktischen Konsequenzen aus den im ersten Teil der Arbeit skizzierten Rahmenbedingungen für Führung folgen könnten, dann ist es sinnvoll, hierbei zunächst einmal zwei Dimensionen von Führung zu unterscheiden, die jeweils mit unterschiedlichem Fokus und entsprechendem Repertoire an Fragestellungen und Werkzeugen ausgestattet dafür sind, ihren Job zu erfüllen.

Die Führungskraft als Coach

Wir hatten bereits darauf hingewiesen, dass die Arbeit an der (internen wie auch externen) Kooperationsfähigkeit selbständig agierender Gruppierungen (Projektteams, Arbeitsgruppen, Task-Forces, aber zunehmend stärker auch die ganz normal »in die Linie« eingebundenen Teams und Abteilungen mit der dort gebündelten Expertise und Professionalität) zu den herausragenden Merkmalen einer professionellen Führung in Organisationen gehört. Je intelligenter dort mit der Selbststeuerungsfähigkeit solcher Formationen umgegangen und entsprechend unterstützende Beiträge zur Entfaltung ebendieses Potentials geliefert werden können, desto wahrscheinlicher ist die Erhöhung der Leistungsbereitschaft.

Mit anderen Worten: Die kontinuierliche Arbeit der Führung an den Leistungsmöglichkeiten (Stichwort: funktionierender Weidezaun) motiviert unter der Prämisse ausreichend vorhandener Ressourcen (sprich: Leistungsfähigkeit) die Leistungsbereitschaft aller Beteiligten und setzt eine Dynamik in Gang, die wir gern als »Rückenwind« bezeichnen. Im gemeinsamen Agieren wird ein sich selbst verstärkender Fluss erzeugt, der einladend ist und die jeweilige Formation zu immer neuen Herausforderungen zieht: So riechen, schmecken und fühlen sich Hochleistungsteams an. Da darüber hinaus jede Subeinheit in Organisationen Teil eines zusammenhängenden Leistungsprozesses ist, gehört der Aspekt der Vernetzung dieser Formation in den jeweils angemessenen Organisationskontext ebenfalls zu den zentralen Aufgaben in der Führung solcher Einheiten. Im Setzen von Rahmenbedingungen (Stichwort: Kontextsteuerung) schafft Führung die Voraussetzung für solche selbstgesteuerten Dynamiken – oder zerstört sie. Auf einige der zentralen Stellhebel bei der (vertrauensbasierten) Gestaltung dieser Rahmenbedingungen haben wir ja bereits hingewiesen. Was Führung – trotz aller verständlichen Wunschvorstellungen und Machbarkeitsfantasien – (leider) nicht kann, ist: dies anzuweisen.

Die Bewerkstelligung dieser Aufgabe fällt Führungskräften zu, die, als »Spielertrainer« um die Leistungsfähigkeit »ihrer« Einheit besorgt, dicht am Feld des operativen Geschehens stehen und neben der Erledigung ihrer Fachaufgabe für das Zustandekommen dieser Rahmenbedingungen sorgen müssen. Weiß Gott keine triviale Aufgabe, die in den Fällen eine weitere Komplexitätssteigerung erfährt, in denen Führung noch auf den Joker ihrer Positionsmacht (im Sinne der Vorgesetztenfunktion) verzichten muss, wie dies in komplexen Großorganisationen zunehmend der Fall ist, wenn etwa Projektgruppen und Task-Forces »Beschleunigung« der internen Verhältnisse eingerichtet werden. Will man den stets mitlaufenden Überforderungstendenzen dieser Gruppe von Führungskräften etwas entgegensetzen, ist in vielen Organisationen der Aufbau eines spezifischen Unterstützungs- und Qualifizierungsangebots (im Sinne der bereits beschriebenen »intelligenten Lernarchitekturen«) das Gebot der Stunde.

General Management

Von dieser Dimension zu unterscheiden ist die Ausdifferenzierung einer Führungsfunktion, die sich ausschließlich, d. h. ohne zusätzliche Fachaufgabe um die Steuerung der ihr anvertrauten Einheiten kümmert. Insbesondere in Großorganisationen ist diese Form der Führung mittlerweile gang und gäbe. Wegen der Vielzahl von Subeinheiten und Ebenenunterschiede werden Führungskräfte ins Spiel gebracht, die sich ausschließlich mit der Handlungsfähigkeit dieses Gesamtzusammenhangs beschäftigen.

Die Koordination der vertikalen und horizontalen Nahtstellen der miteinander verwobenen Leistungsprozesse und funktionalen Zuständigkeiten ist die Aufgabe dieser Dimension von Führung, zudem kreist ein Großteil ihrer Aufmerksamkeit darum, Themen prominent setzen und die Organisation so weit zu fokussieren, dass diese Themen auch bearbeitet werden (und, noch einmal: Die Legitimation dafür, kraft Entscheidung bestimmte Themen in den Vordergrund zu spielen, wird lediglich nur mehr aus der glaubwürdig vermittelten Sorge um die Funktionstüchtigkeit des Ganzen gewonnen). Auch hier stellt sich letztlich ganz praktisch die Frage, welchen Aufgaben eine auf die Funktionstüchtigkeit des Ganzen spezialisierte Führung – und so verstehen wir, im Unterschied zu der Arbeit der übrigen Führungskräfte, die Aufgabe eines General Managements – besondere Aufmerksamkeit schenken muss, um die Überlebensfähigkeit der ihr anvertrauten Gesamteinheit zu sichern (Siehe dazu ausführlich Wimmer 1995b).

Mit anderen Worten: Welche Aufgabenfelder gilt es permanent zu bearbeiten, um das Überleben des sozialen Systems »Organisation«

zu ermöglichen? Welche inhaltlichen Quellen stehen Führung zur Verfügung, aus denen sie legitimerweise Soll-Ist-Differenzen mobilisieren kann? Welche Inhalte werden prominent gesetzt, worauf soll die Aufmerksamkeit der Organisation gerichtet werden? Die Bezugsorte dieser für die Organisation lebenswichtigen Irritationen sind gleichzeitig die Aufgabenfelder des General Management. In Anlehnung an das von Rudolf Wimmer entwickelte und in unserer praktischen Beratungsarbeit mannigfach erprobte Führungskonzept soll im Folgenden auf die Hauptpunkte dieser Aufgabenfelder von Führung näher eingegangen werden.

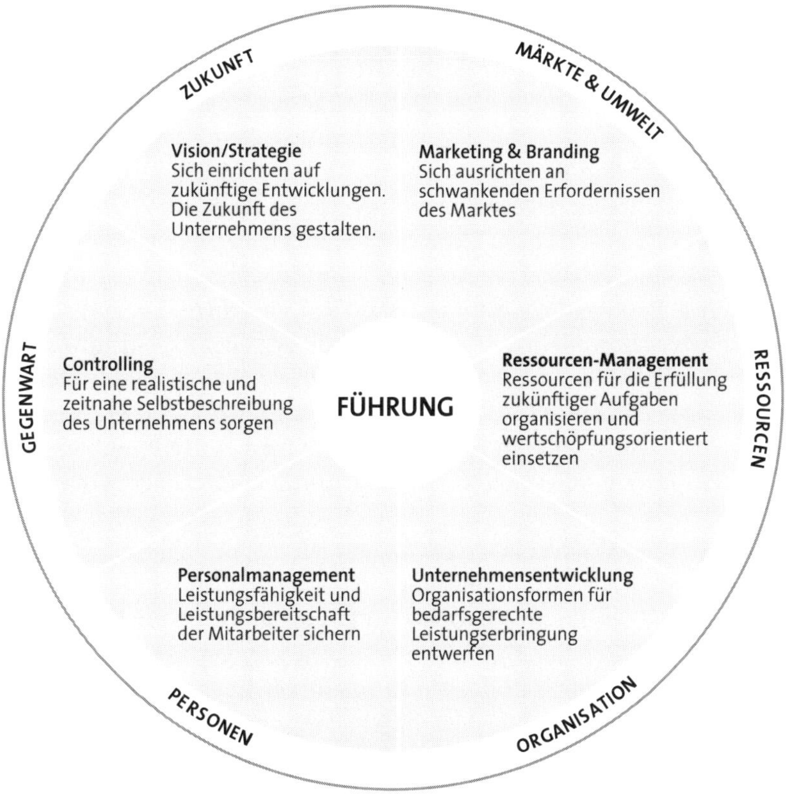

Abb. 4: Aufgabenfelder von Führung nach Rudolf Wimmer (1995a)

Im Mittelpunkt jedes dieser Felder stehen grundlegende Widersprüche und Paradoxien – die Führungsaufgaben darin können also nicht systematisch im Sinne eines »Hiermit erledigt« abgearbeitet werden.

Vielmehr geht es darum, die miteinander in Spannung stehenden Aspekte so weit zu balancieren, dass die eigene Handlungsfähigkeit in diesen Feldern erhalten bleibt. In diesem Sinne sehen sich Organisation und Management mit diesen Paradoxien direkt oder untergründig konfrontiert – und finden, jeweils ebenso ausgesprochen oder stillschweigend, Formen, sie immer wieder aufs Neue zu bearbeiten. Wir hatten ja bereits gezeigt, dass die unaufhaltsame Zunahme von Komplexität in Organisationen gegenwärtig immer öfter diese »unlösbaren« und unsicherheitsträchtigen Situationen produziert, mit denen das General Management dann umzugehen hat: Zielkonflikte, strukturelle Widersprüche sowie paradoxe Zusammenhänge, die immer wieder für Irritation sorgen und daher neu anzulaufen und funktional zu lesen sind – sei es als inspirierender Unruheherd oder zu beruhigende Spannungsquelle. Die »Paradoxietauglichkeit der Führung« im Sinne eines verantwortungsvollen und bewussten Entscheidens und Gestaltens dieser Zusammenhänge stellt folglich eine der zentralen Herausforderung für die Zukunft des Managements dar (Baecker 2003; Littmann u. Jansen 2000).

Noch einmal: Die Funktion von Führung kann nicht darin bestehen, diese Paradoxien ein für alle Mal zum Verschwinden zu bringen – dies geht schon allein deswegen nicht, da es zu den konstitutiven Bedingungen von Paradoxien gehört, unlösbar zu sein. »Alle Kreter lügen«, sagte der Kreter. Was nun? Ist er Kreter, dann lügt er, wenn er aber lügt, dann ist er kein Kreter. Egal, wie man es dreht und wendet: Das Bauprinzip von Paradoxien folgt immer der Logik: Unter bestimmten Bedingungen wird, wenn A wahr ist, auch gleichzeitig B wahr. Erlaubt ist dies nach den Spielregeln unserer abendländischen Logik eigentlich nicht: »Entweder – oder«, so haben wir es verinnerlicht, und: »Tertium non datur« – ein Drittes gibt es nicht. Was in den strengen Gefilden der Logik für einiges an Kopfzerbrechen sorgt, ist im Alltag zum Glück durch einen unauffälligen Kategorienwechsel leicht zu umgehen: Soll er doch lügen, der gute Mann. Solange er seinen Pass dabei hat, wird uns das schon nicht aus dem Gleichgewicht bringen.

Die Aufgabe der Führung besteht vielmehr darin, diese Widersprüche durchgehend im Auge zu behalten, die Muster der Organisation im Umgang mit ihnen zu reflektieren und angemessene, sprich funktionale Umgangsformen damit zu fördern. *Der Nutzen ungelöster Probleme* (Baecker u. Kluge 2003) liegt darin, dass ihre Bearbeitung entscheidend zur laufenden Ertüchtigung des Unternehmens und damit seiner Zukunftsfähigkeit beiträgt.

Arbeitsfelder des General Management

Nachstehend folgt eine Beschreibung der sechs grundlegenden Arbeitsfelder von Führung samt der ihnen jeweils zugrunde liegenden Paradoxien. Da in der Unternehmensrealität die meisten dieser Arbeitsfelder in der Regel von Fachfunktionen bearbeitet werden, legen wir großen Wert auf die Feststellung, dass allen diesen Arbeitsfeldern die Aufmerksamkeit der Unternehmensführung gelten sollte. Natürlich wird man bei der Bearbeitung dieser Felder auf die Ergebnisse der eigenen Fachexperten zurückgreifen, das methodische Know-how dieser Stellen nutzen und sie aktiv in die jeweils anstehenden Arbeitsprozesse einbinden. Nichtsdestoweniger liegt die aktive Übernahme von Verantwortung für die regelmäßige Bearbeitung der Grundwidersprüche und Paradoxien allein beim General Management; genau an dieser Stelle entscheidet es sich, ob die Sorge um die eigene Zukunftsfähigkeit ernst genommen oder – aus welchen (guten) Gründen auch immer – an interne oder/und externe Fachexperten weiterdelegiert wird. Für diesen Fall braucht man sich dann allerdings nicht zu wundern, wenn die Zuschreibung der Orientierungsleistung und damit Autorität der Führung ebenfalls vom General Management weg- und zu den entsprechenden Stellen im Unternehmen hindriftet. Solche Verschiebungsprozesse sind meistens von allen im Unternehmen gut erkennbar: Die Crew der Frühstückskapitäne beginnt dann – wichtig, wichtig – sich mit dem zu beschäftigen, was man a) am besten kann (»Sind Sie nicht auch der Meinung, dass die Personalentwicklung ein Qualitätscontrolling nach EFQM braucht?«), b) am liebsten macht (»Wenn Sie mir dann gleich noch einen Anschlussflug nach Singapur buchen; dort soll ja kundenmässig ganz schön was los sein ...«) – oder man verlegt sich c) einfach nur aufs *fare una bella figura* ... (»... im Übrigen ist alles klar – auf der Andrea Doria ...«)

Zusätzlich zur Beschreibung dieser Paradoxien, die die Bearbeitung der darin enthaltenen Fragestellungen zu einem riskanten Geschäft machen (Stichwort: *No risk, no fun*), haben wir in den folgenden Ausführungen auch die pragmatischen Konsequenzen einer Beschäftigung mit diesen Führungsfeldern in den Blick genommen: Wir beschreiben kurz die unterschiedlichen Spielarten des General Management und zeigen exemplarisch, wie die einzelnen Bearbeitungsmuster der Führung im Umgang mit den spezifischen Aufgaben aussehen können. Darüber hinaus geben wir innerhalb der einzelnen Felder stichwortartig praktische Hinweise auf zentrale Aspekte der Führungsarbeit: *Was ist hier zu tun?*

Ergänzt wird diese Zusammenstellung durch eine Checkliste mit Leitfragen zu jeder dieser Dimensionen, fokussiert auf Wirtschaftsorganisationen, sprich Unternehmen. Damit sollen nochmals die wesentlichen praxisrelevanten Aspekte in den Mittelpunkt gerückt werden, mit denen der Führung ein Navigieren in den unruhigen Gewässern komplexer Organisationen erleichtert wird.

Strategieentwicklung

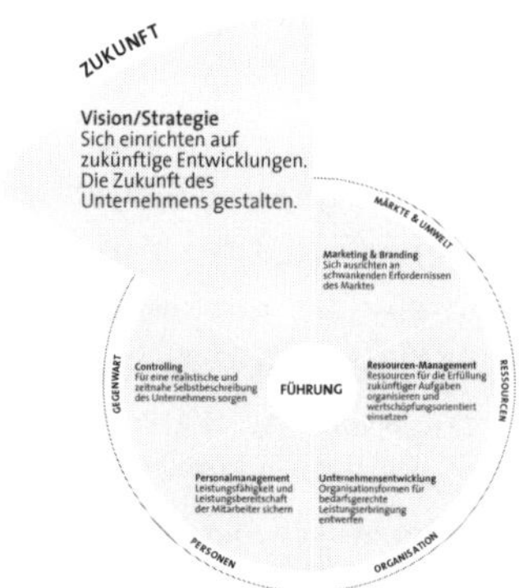

Die Strategieentwicklung einer Organisation ist geprägt von der grundsätzlichen Unsicherheit im Hinblick auf die zukünftige Entwicklung ihrer relevanten Umwelten, im Falle von Wirtschaftsunternehmen etwa der Märkte, der Wettbewerbsverhältnisse; es geht um die Chancen und Risikopotentiale für das Unternehmen auf der einen Seite und das Festhalten an jenen Erfolgsmustern und geschäftspolitischen Prinzipien, die dem Unternehmen bislang sein Überleben ermöglicht haben, auf der anderen Seite.

Dem General Management kommt in diesem Feld die Aufgabe zu, die strategischen Festlegungen der Vergangenheit zur Disposition zu stellen und Weichenstellungen für eine stets ungewisse Zukunft vorzugeben. Aufgrund der prinzipiellen Unkalkulierbarkeit zukünftiger Entwicklungen geht es heute mehr denn je darum, durch eine lernfähige strategische Positionierung ein Unternehmen von seiner wünschenswerten Zukunft her führbar zu machen und es aus dem Festlegungen durch seine Vergangenheit zu lösen.

Spielarten der Strategieentwicklung

Mögliche Spielarten des General Management bei der Strategieentwicklung lassen sich zunächst danach unterscheiden, ob die Strategieentwicklung innerhalb (etwa durch den Unternehmer, das Managementteam oder den CEO) oder außerhalb des Unternehmens (z. B. durch unabhängige Strategieexperten, Stabsfunktionen, Berater) stattfindet. Zusätzlich lassen sich Strategieentwicklungsprozesse danach unterscheiden, ob sie implizit (z. B. erfahrungsbasiert, »aus dem Bauch heraus«) oder explizit (z. B. mit benennbaren Prämissen, im Managementteam gemeinsam festgelegten Umsetzungsschritten etc.) ablaufen. Folglich lassen sich vier Spielarten unterscheiden: Sie umfassen neben der intuitiven und der expertenorientierten Strategieentwicklung die evolutionäre sowie die systemische Strategieentwicklung (Wimmer und Nagel 2002).

Strategieentwicklung	**außerhalb der Organisation**	**innerhalb der Organisation**
implizit	intuitive Strategieentwicklung	expertenorientierte Ansätze
explizit	evolutionäre bzw. inkrementelle Strategien	gemeinschaftliche (»systemische«) Führungsleistung

Was ist zu tun?

- Branchen- und Wettbewerbstrends im Blick behalten
- Zukunftsbilder und Optionen für das eigene Geschäft erzeugen
- entsprechende Szenarien zu Chancen und Risiken erarbeiten
- eigene Kernkompetenzen definieren
- strategische Repositionierungen vornehmen
- Unternehmensziele sowie konkrete Maßnahmen festlegen
- Produktinnovationen stimulieren (Forschung & Entwicklung)
- neue Geschäftsfelder entdecken, Businessmodell weiterentwickeln.

Marketing/Branding

Die Existenzsicherung des Unternehmens hängt davon ab, wie gut es gelingt, sich in eine erfolgreiche Austauschbeziehung zu den eigenen Märkten zu setzen. Klare und stabile Einschätzungen des Geschäftsumfeldes sind die Grundlage erfolgreichen Wirtschaftens. Mit der Zunahme weltweiter Verflechtung werden die Märkte immer undurchschaubarer und der Markthorizont tendenziell grenzenlos. Traditionelle Branchengrenzen verlieren ihre Zuordnungen, Globalisierung und Technologiewandel schaffen neue Rahmenbedingungen.

Die Funktion des Marketings – von uns ergänzt um die Funktion des Brandings, da in vielen Unternehmen die zentralen Fragen zur Markenführung nicht vom Marketing abgedeckt werden – ist in aller Regel am deutlichsten an der Schnittstelle zur Außenwelt des Unternehmens positioniert. Hier ist das General Management auf klare und stabile Einschätzungen des Geschäftsumfelds als der Grundlage erfolgreichen Wirtschaftens angewiesen. Dabei geht es vor allem um die Frage, wie das eigene Leistungsportfolio von den unterschiedlichen Kundengruppen aufgenommen wird, welche Veränderungen hier zu beobachten sind etc. Je stabiler diese Einschätzungen sind, desto geringer ist die eigene Überraschungsfähigkeit. Im Kontext sich rapide ändernder Rahmenbedingungen werden diese Einschätzungen jedoch zunehmend zu einem hohen Risiko. Die Verletzbarkeit des Unternehmens, die darin besteht, von entscheidenden Entwicklungen in den jeweiligen Märkten – und zunehmend mehr auch außerhalb davon – überrollt zu werden, wächst dramatisch an. Aus Sicht des General Management kann es also nur darum gehen, sich einerseits verlässliche Bilder des eigenen Geschäftsumfeldes zu verschaffen und andererseits für noch unbekannte Entwicklungen offen zu sein, um so Märkte und Absatzchancen durch Weiterentwicklung des eigenen Leistungsspektrums immer wieder neu zu erfinden.

Spielarten des Marketings/Brandings

Spielarten, die diesen Konflikt zu lösen versuchen, unterscheiden sich einerseits durch das Ausmaß, in dem sie enttäuschungsresistent bzw.

-bereit mit der eigenen Einschätzung des Marktes umgehen. Andererseits existiert auch eine unterschiedliche Fokussierung entweder auf den Markt als Ganzes oder auf den einzelnen Kunden. So zeichnen sich die *lernfähigen Spezialisten* dadurch aus, dass sie Marketing & Branding in erster Linie auf den Gesamtmarkt ausrichten und die diesbezüglich existierenden eigenen Bilder kritisch hinterfragen, allerdings im Sinne einer Spezialisten- und nicht einer Führungsaufgabe. Die Erfahrungen und Rückmeldungen der Kunden und anderer Marktteilnehmer werden jedoch – anders als etwa beim instrumentellen Marketing – aktiv eingefordert, aufgegriffen und lernend verarbeitet.

Marketing/Branding	**Erwartungen (enttäuschungsresistent)**	**Erwartungen (enttäuschungsbereit)**
Fokus Markt	instrumentelles Marketing	lernfähige Spezialisten
Fokus Kunde	intuitives Marketing	systemisches Marketing

Was ist zu tun?

- Marktbeobachtung systematisieren
- kontinuierliche Konkurrenz- und Wettbewerbsanalysen durchführen
- Intensität der Zusammenarbeit mit Kunden, Lieferanten und anderen Geschäftspartnern aufmerksam und kontinuierlich beobachten
- Preisgestaltung aktiv steuern
- Qualitätspolitik etablieren und im Unternehmen verankern
- proaktive Marktkommunikation aufbauen (Corporate Identity, Public Relations, Werbung)
- systematische Markenführung etablieren

Ressourcenmanagement

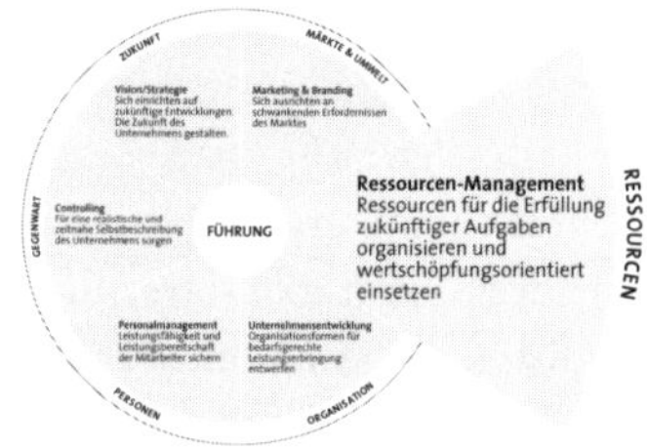

Im Bereich des Ressourcenmanagements gilt es für das General Management, gleich zwei Grundwidersprüche angemessen zu behandeln: Zum einen orientiert sich der Ressourceneinsatz in Unternehmen – entgegen allen anderslautenden betriebswirtschaftlichen Vorstellungen – in erster Linie am historisch eingespielten Eigenbedarf der Organisation und nicht an der wertschöpfungsorientierten Verwendung der Ressourcen. Die Wertschöpfungsorientierung, die zu einer zukunftssichernden Kapitalbildung beiträgt, muss daher zu jedem Zeitpunkt für jeden Leistungsprozess gegen die eingespielten Routinen der Organisation sichergestellt werden.

Zum anderen ist das General Management – zumindest börsennotierter Unternehmen – gezwungen, aus der Logik der Kapitalmärkte und den Interessen der Eigentümer heraus in erster Linie bestimmte Renditeerwartungen zu erfüllen. Allerdings kann diese Ausrichtung unter Umständen die langfristige Überlebenssicherung des Unternehmens und seine zukünftige Ertragskraft in Frage stellen. Anstatt in neue Geschäftsideen zu investieren, wird das Kapital an die Kapitalgeber ausgeschüttet. Die Frage lautet hier zugespitzt: Wem dient der erwirtschaftete Mehrwert: dem Unternehmen oder den Shareholdern? Wie wird mit diesem Zielkonflikt umgegangen?

Spielarten des Ressourcenmanagements

Auch in diesem Aufgabenfeld finden sich in der Praxis Spielarten, mittels derer versucht wird, diese Grundwidersprüche für das Unternehmen bearbeitbar zu machen. Die Unterschiede liegen einerseits in der Frage, ob bei der Entscheidung über die Ressourcenverwendung vorrangig das Interesse der Shareholder oder das Unternehmensinteresse verfolgt wird; zum anderen gibt es unterschiedliche Formen, den ökonomischen Umgang mit den zu Verfügung stehenden Ressourcen im Unternehmen zu beeinflussen. Dies geschieht entweder kulturgesteuert, d. h. durch eine im Unternehmen allgemein akzeptierte Art und Weise des Umgangs, oder durch den Einsatz von Budgets. Ein Beispiel für die budgetorientierte Spielart ist das *vorgabeorientierte Ressourcenmanagement*, das standardisierte Prozesse der Ressourcensteuerung und Budgetplanung vorsieht, um vor allem einen sparsameren Umgang mit den zur Verfügung stehenden Ressourcen zu erreichen. Vielfältige Erfahrungen aus unserer Arbeitspraxis zeigen dann allerdings, wie diese Form der Ressourcensteuerung regelmäßig und subtil unterlaufen wird.

Ressourcen	Share- und Stakeholder-Interessen	Unternehmensinteressen
kulturgesteuert	intuitives Ressourcenmanagement	
budgetgesteuert	renditeorientiert	vorgabeorientiert

Was ist zu tun?

- Ressourcenbedarf planen
- Investitionsentscheidungen strategiegeleitet treffen
- Finanzierungsformen anpassen und Finanzierungsinstrumente nutzen
- Budgetplanung flexibel gestalten
- Kostenmanagement wertschöpfungsorientiert aufbauen
- Risikomanagement proaktiv betreiben
- Ausschüttungspolitik unternehmens- und stakeholderorientiert gestalten.

Organisation

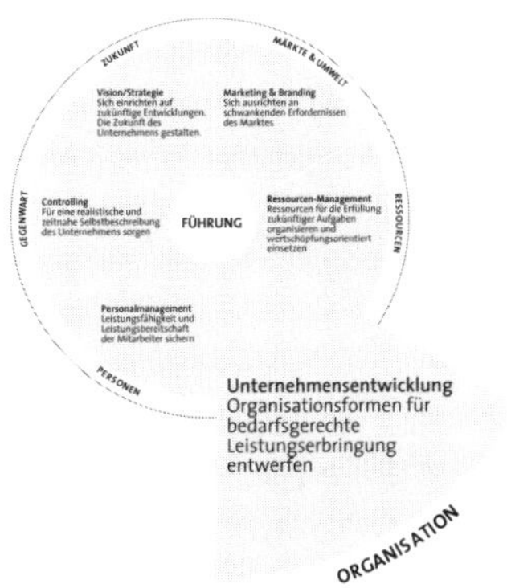

Flexible und leistungsfähige Organisationsverhältnisse sind zum zentralen Erfolgsfaktor im Wettbewerb geworden. Die Suche nach und Ausgestaltung von neuen Organisationsformen wird zum Kernelement einer vorausschauenden Unternehmensführung. Die Notwendigkeit permanenter Organisationsveränderungen löst bestehende Sicherheiten auf und schwächt den Zusammenhalt des Unternehmens: Je schneller und häufiger Veränderungen initiiert werden, desto größer wird das Bedürfnis nach Sicherheit und Stabilität bei allen Beteiligten.

Die Paradoxie im Aufgabenfeld Organisation besteht daher einerseits in der Notwendigkeit, angesichts sich ändernder Geschäftsherausforderungen in alternativen Organisationsdesigns zu denken, Prozesse gezielt neu zu gestalten und neue, erfolgversprechende Strukturen aufzubauen. Auf der anderen Seite muss aber für die Einhaltung und Stabilisierung von Regeln und Strukturen gesorgt werden, damit verlässliche Rahmenbedingungen für das Funktionieren des Alltagsgeschäfts und den Zusammenhalt des Unternehmens bestehen (bleiben). Das General Management muss die eigenen Organisationsverhältnisse so gestalten, dass genügend Freiräume für unternehmerisches Handeln auf allen Ebenen des Unternehmens gewahrt bleiben, ohne dass der Zusammenhalt des Ganzen gefährdet wird.

Spielarten der Organisationsgestaltung

Die diesbezüglich in der Praxis anzutreffenden Spielarten unterscheiden sich unter anderem in dem Ausmaß, in dem sie personenabhängig bzw. personenunabhängig gestaltet werden. Bei der sehr flexiblen Spielart der *Adhocratie* etwa orientiert sich die (Ablauf-)Organisation an einer aus Sicht der Beteiligten optimalen Aufgabenerfüllung für die aktuellen Projekte und Herausforderungen. Improvisation wird hier zur Regel. Demgegenüber weist die Spielart der bürokratisch-formalisierten Organisation genau festgelegte, offizielle Strukturen auf. Hier existieren standardisierte Regeln, klare Hierarchien und eine funktionale Arbeitsteilung, die in umfangreichen Organigrammen, Prozessbeschreibungen und Zertifizierungsunterlagen des Unternehmens dokumentiert sind.

Organisation	**stabilitätsorientiert**		**flexibilitätsorientiert**
personenorientiert	implizite Organisation		
personenunabhängig	bürokratisch-formalisierte Organisation	systemisches Organisationsverständnis	Adhocratie

Was ist zu tun?

- Kommunikationsprozesse bedarfsgerecht einrichten
- Prozesse der Entscheidungsfindung konsequent und transparent gestalten
- aktives Konfliktmanagement betreiben
- strategiekompatible Organisationsarchitekturen aufbauen
- geeignete Führungsstrukturen etablieren

- Aufbauorganisation mit den relevanten Geschäftsprozesse abstimmen
- Wertschöpfungsprozesse optimieren
- Fusionen bzw. In- und Outsourcing aktiv gestalten
- strategische Allianzen etablieren.

Personalmanagement

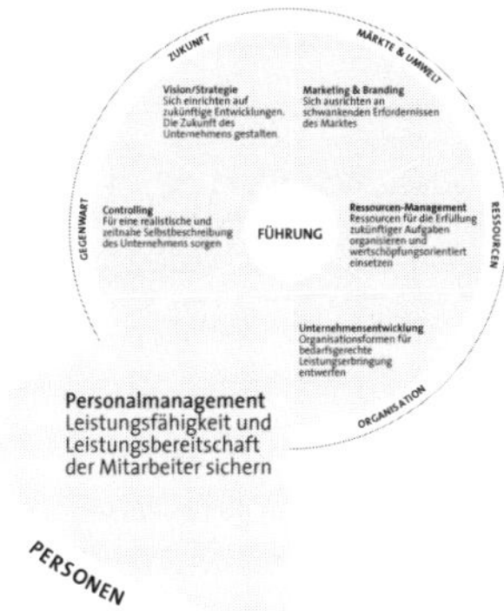

Die erhöhten Produktivitätsanforderungen und die wachsende Bedeutung des Faktors »Wissen« verschärfen in zunehmendem Maß die Abhängigkeit der Unternehmen von ihren Mitarbeitern. Durch deren vertragliche Bindung allein ist immer weniger sichergestellt, dass ein Unternehmen auch tatsächlich über das eingekaufte Leistungspotential verfügen kann. Um die Unsicherheit in der Beziehung zwischen dem Unternehmen und den Mitarbeitern zu managen, ist die Justierung von Mitarbeiter- und Unternehmensinteressen und das damit verbundene Ausbalancieren wechselseitiger Erwartungen eine zentrale Gestaltungsaufgabe.

Stellhebel für das General Management sind dabei einerseits die Absicherung der Leistungsbereitschaft durch die Gestaltung von Rahmenbedingungen, die das Engagement der Mitarbeiter im Sinne der Unternehmensinteressen unterstützen, andererseits die Förderung der Leistungsfähigkeit von Mitarbeitern, damit diese auf der Grundlage der Eigeninitiative jedes Einzelnen im Unternehmensinteresse gesteigert werden kann. Dies geschieht insbesondere durch die Instrumente der Personalauswahl und -entwicklung. Natürlich bilden für beide Dimensionen leistungsgerechte Formen der Lohn- und Gehaltsgestaltung bzw. der Arbeitszeitgestaltung eine wichtige Grundlage.

Spielarten des Personalmanagements

Die Spielarten des Personalmanagements weisen zum einen Unterschiede im Ausmaß der Personen- und Strukturorientierung auf. Zum anderen gibt es auch in diesem Bereich stark differierende Formen des impliziten und expliziten Managements. Eine stark strukturorientierte Spielart finden wir im *funktionsorientierten Personalmanage-*

ment, das mögliche Konflikte zwischen Mitarbeiter- und Unternehmensinteressen durch administrative Maßnahmen, vertragliche Festlegungen und Regelwerke einzudämmen versucht. Im Rahmen eines impliziten Personalmanagements, wie es häufig in Familienunternehmen anzutreffen ist, werden solche Konflikte hingegen meist nicht offen ausgetragen.

Personalmanagement	**implizit**	**explizit**
personenorientiert	implizites Personalmanagement	
strukturorientiert	hochleistungsorientiert	funktionsorientiert

Was ist zu tun?

- Angemessenen Personalbedarf ermitteln
- Recruiting und Personalauswahl professionalisieren
- aktives Retention Management etablieren
- Personalentwicklung aufbauen und pflegen
- Führungsinstrumente (Mitarbeitergespräche, Zielvereinbarungen) etablieren
- Entgeltsysteme und Arbeitszeitsysteme leistungsgerecht gestalten
- Umgang mit Belegschaftsvertretung konstruktiv gestalten.

Controlling

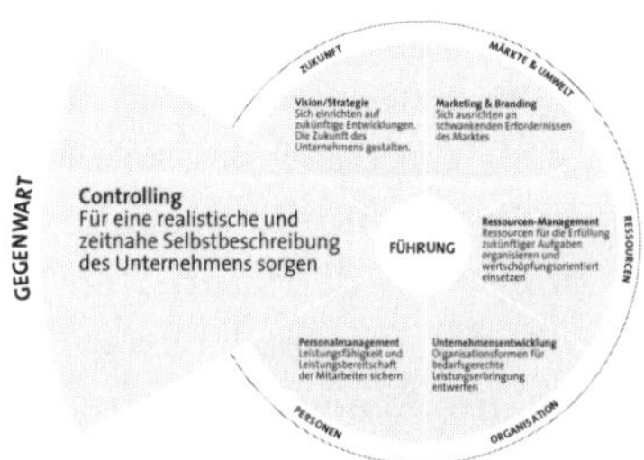

Die wachsende Komplexität der Binnenverhältnisse in Unternehmen erschwert zunehmend eine tragfähige Einschätzung des aktuellen wirtschaftlichen Zustands der Gesamtorganisation. Die Auswahl geeigneter Selbstbeobachtungen – häufig in Form von relevanten Kennzahlen – bildet jedoch die unverzichtbare Grundlage für eine wirksame Steuerung eines Unternehmens. Die Erstellung dieser Kennziffern ist immer selektiv und folglich riskant, da an keiner Stelle im Unternehmen ein vollständiger Überblick über alle relevanten Einflussfaktoren vorliegt. Das Unternehmen entzieht sich auf diese Weise der Selbstbeobachtung und ist deshalb in besonderem Maß auf die Aufmerksamkeit der Führung angewiesen.

Der Grundwiderspruch im Bereich des Controllings besteht darin, dass einerseits zur Steuerung von komplexen Organisationen ein System der zeitnahen Selbstbeobachtung notwendig ist, damit auf beobachtete Abweichungen mit gezielten Veränderungs- und Korrekturmaßnahmen reagiert werden kann. Andererseits führt ein solches Controllingsystem auf Seiten des General Management häufig zur Illusion, gegenüber unternehmerischem Risiko vollständig gewappnet zu sein. Zeitnahe Formen realitätsbezogener Selbstbeobachtung (nicht nur in finanzieller Hinsicht, sondern auch in Hinblick auf Kundenzufriedenheit, Prozessqualität, Innovationsrate etc. – wie sie etwa im Rahmen einer *balanced scorecard* erhoben werden) sind hier die zentrale Führungsherausforderung. Gleichzeitig muss ihre grundsätzliche Begrenztheit im Auge behalten werden, will man diese Systeme in sich lernfähig halten und kontinuierlich weiterentwickeln.

Mit anderen Worten: Ein wirksames Controlling muss genügend Sicherheit für die Steuerung des eigenen Handelns bieten, ohne dabei der Illusion Vorschub zu leisten, man könnte alle relevanten Wirkungszusammenhänge fest im Griff haben und so das Risiko vollständig beherrschbar halten.

Spielarten des Controllings

Die Spielarten des Controllings unterscheiden sich erstens darin, ob ein Unternehmensbereich auf eigene, tatsächlich als wichtig eingeschätzte Steuerungskennzahlen zurückgreift oder aber Expertensysteme von internen oder externen Spezialisten zur Steuerung verwendet. Die zweite wichtige Unterscheidung betrifft die Frage, ob die Beobachtung und Steuerung des Unternehmens durch die Unternehmensleitung »aus dem Bauch heraus« erfolgt oder ob die Interpretationen der Kennziffern und deren wechselseitigen Abhängigkeiten von den beteiligten Führungskräften und Spezialisten offen miteinander diskutiert werden. So wird etwa im *Expertencontrolling* das Controlling von einer darauf spezialisierten Abteilung übernommen, die für unterschiedliche Bereiche des Unternehmens steuerungsrelevante Kennziffern zu erstellen und Transparenz in die betriebswirtschaftlichen Zusammenhänge zu bringen versucht. Demgegenüber verfügen beim intuitiven Controlling nur wenige Mitarbeiter und die Unternehmensleitung über ein – oftmals noch unvollständiges – Bild vom tatsächlichen wirtschaftlichen Zustand des Unternehmens.

Controlling	implizit	explizit
fremdverantwortliches Steuerungssystem		Expertencontrolling
eigenverantwortliches Steuerungssystem	intuitives Controlling	Controlling als gemeinsame Führungsleistung

Was ist zu tun?
- Steuerungsrelevante Kennziffern ermitteln
- die eigene Produktivitätsentwicklung laufend im Blick haben
- kontinuierliche Qualitätssicherung betreiben
- Hard wie auch Soft Facts monitoren
- wirksame Controllinginstrumente implementieren
- kontinuierlich den Ist-Zustand einschätzen und vergemeinschaften
- wirksame Steuerungsimpulse bei Abweichungen setzen.

General Management und Zukunftssicherung

Wir haben in den vorangegangenen Ausführungen wiederholt darauf hingewiesen, dass es vor allem in der Verantwortung des General Management liegt, die hier skizzierten sechs Aufgabenfelder sowie ihre wechselseitigen Bedingtheiten und Zusammenhänge aufmerksam zu beobachten und, davon ausgehend, die laufende Unternehmensentwicklung zu gestalten. Unserer Erfahrung nach können die hier vorgestellten Checklisten und Aufgabenbeschreibungen gut als Navigationsinstrumente genutzt werden, mit deren Hilfe die verantwortliche Führungscrew immer wieder sowohl eine aktuelle Einschätzung zum *Ist*-Stand als auch – daraus abgeleitet – entsprechende *Soll*-Größen entwickelt und implementiert. Die bereits angesprochene (überlebenswichtige) Versorgung der Organisation mit Soll-Ist-Differenzen findet damit eine operative Entsprechung. Es gilt also, mit anderen Worten, über die konkreten inhaltlichen Lösungen, Methoden und Entscheidungen hinaus die eigenen Prozesse im Umgang etwa mit der Strategieentwicklung oder dem Personalmanagement sorgfältig im Auge zu behalten und in regelmäßigen Abständen kritisch auf ihre Angemessenheit und Funktionalität hin zu überprüfen.

Diese kritische Prüfung im Rahmen gemeinsamer Auszeiten (z. B. Führungsklausuren, Strategieworkshops, *offside meetings* etc.) ist von zentraler Bedeutung, weil auf die Dauer nur diejenigen Unternehmen, die ihre inhaltlichen Entscheidungen und Managementprozesse immer wieder neu in Frage stellen, in der Lage sein werden, sich aktiv gegenüber unvorhergesehenen Veränderungen zu positionieren. Hier greifen die oben angestellten Überlegungen zur Qualität der Führung und werden praxisrelevant. Jedes Unternehmen findet hierbei seinen eigenen Weg in der Bewältigung der angesprochenen Führungsparadoxien – den für alle passenden Königsweg gibt es nicht. Ganz im Gegenteil: Unternehmen gewinnen ihre wettbewerbsfähige Individualität am besten durch ihren je spezifischen (methodischen) Mix im Umgang mit den hier hervorgehobenen Herausforderungen.

6. Führung auf dem Prüfstand – Der osb-Business-Navigator

Das von uns in diesem Zusammenhang entwickelte online Diagnoseinstrument – der *osb-Business-Navigator* – kann das General Management eines Unternehmens bei Überprüfung, kritischer Reflexion und bei Feinjustierungen bzw. nötigen Veränderungen der Aktivitäten in den beschriebenen sechs Aufgabenfeldern von Führung unterstützen. Der Einsatz des Business Navigators erfolgt sowohl im individuellen Rahmen – etwa bei einem *executive coaching* – als auch in der Beratung von Managementteams. Das vorrangige Ziel ist, eine Richtung für die Weiterentwicklung der eigenen Führungsstrukturen zu finden und die Qualität des managerialen Handelns zu verbessern.

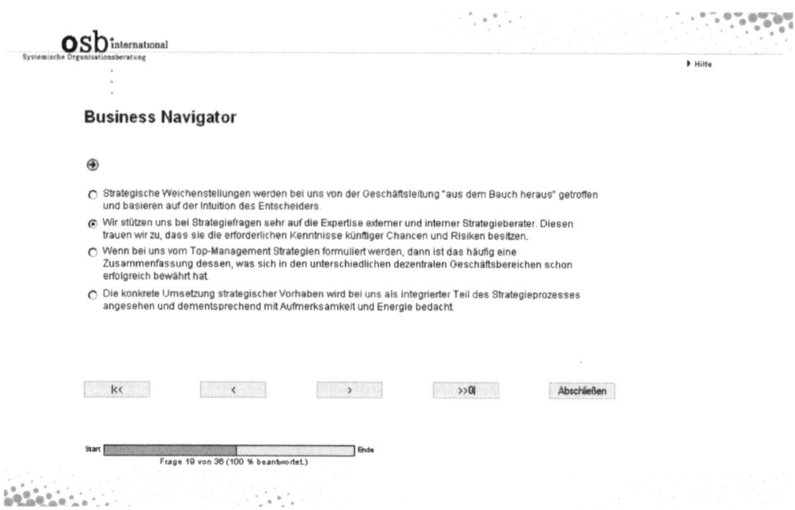

Abb. 5: Beispiele für Leitfragen zur Analyse der Führungsstrukturen im Bereich der Strategieentwicklung

Das Instrument ermittelt mit Hilfe eines Online-Fragebogens typische Managementmuster in einem Unternehmen und gibt eine detaillierte Rückmeldung über die Art und Weise, wie die Führung sich mit Herausforderungen z. B. im Bereich des Marketings & Brandings oder des Personalmanagements auseinandersetzt. In der Regel werden die Ergebnisse im Rahmen eines Beratungsprozesses näher erläutert und vertieft. Der Vorteil dieses Werkzeugs: Die organisationsinternen Spielregeln und Routinen werden damit systematisch wahrnehmbar, besprechbar und kontingent; genau dadurch können sie dann auch verändert werden. Darüber hinaus erhält das Management durch die Bearbeitung der Ergebnisse Hinweise auf die mit dem jeweiligen Muster verbundenen Herausforderungen und Konflikte in der eigenen Managementpraxis.

Anhand eines konkreten Beispiels aus unserer Arbeit mit diesem Instrument wird deutlich, welchen Nutzen der Umgang mit diesem Instrument stiften kann. Bei der Auswertung der Statements zur Strategieentwicklung in einem größeren mittelständischen Unternehmen zeigte sich ein intuitives Führungsmuster. Der Inhaber traf Entscheidungen aus dem Bauch heraus, es gab keinen strategischen Dialog im Unternehmen, und das mittlere Management fungierte mehr oder weniger als Umsetzer der Strategie. Der Business Navigator beschreibt als Vorteil dieser Spielart der Strategieentwicklung unter anderem die Schnelligkeit, mit der Entscheidung getroffen und Maßnahmen umgesetzt werden, verweist aber auch auf Nachteile: Fällt der Inhaber aus, fehlt das Instrument »Intuition« und entsprechendes Know-how bei den übrigen Führungskräften. Ein existenzgefährdendes Führungsvakuum ist die Folge, wenn hier nicht vorausschauend dagegen gesteuert wird.

In diesem Sinne handelt es sich beim *osb-Business-Navigator* um ein Führungsaudit unter strukturellen Gesichtspunkten: Anhand von Aussagen über die Art und Weise, wie das Führungssystem sich mit den sechs Aufgabenfeldern der Führung auseinandersetzt, können die bestehenden Führungsroutinen bearbeitbar gemacht und ihre Funktionalität kritisch überprüft werden.

Das Beispiel der Spielart der intuitiven Strategieentwicklung zeigt diese Funktionalität und die Passung im Hinblick auf Organisation und etablierte Führungsmuster: Das Fehlen eines expliziten Dialogs über die Zukunftsausrichtung des Unternehmens und die Beschränkung der mittleren Führungsebene auf die Rolle eines Umsetzers ist nur auf der Basis eines hohen Vertrauens der Organisation in die Entscheidungen der Unternehmensspitze möglich. Vertrauen und Commitment entstehen bei diesem Führungsmuster gerade durch Nichtkommunikation, weil strategische Festlegungen nicht mit dem Rest der Organisation diskutiert werden und damit erst gar keine Unsicherheit hinsichtlich der Richtigkeit einer Entscheidung aufkeimt. Generationswechsel in Familienunternehmen zeigen beispielhaft, dass Organisationen, die über lange Zeit eine solche Spielart praktiziert haben, aus diesem Muster nicht so ohne Weiteres aussteigen können. In dem Moment, in dem das Managementteam innerhalb eines solchen Musters strategische Entscheidungen diskutiert, um Strategien partizipativ zu erarbeiten, schwindet das Vertrauen in die Selbsterneuerungsfähigkeit des Unternehmens. Offenere Kommunikation über die strategische Ausrichtung wirkt sich hier also nicht vertrauenfördernd, sondern -mindernd aus.

Wie die Praxis in verschiedenen Unternehmen zeigt, sind andere Spielarten der Strategieentwicklungen wiederum gerade darauf angewiesen, dass innerhalb des Unternehmens ein breiter und gemeinschaftlich ausgetragener Dialog über die getroffenen strategischen Festlegungen stattfindet. Innerhalb einer als periodische Strategiereflexion und gemeinschaftliche Führungsleistung verstandenen Strategieentwicklung ist Kommunikation das geeignete Mittel zur Unsicherabsorption. Hier wird in regelmäßigen Abständen eine bewusste Auseinandersetzung mit den zentralen Überlebensfragen gesucht und die damit einhergehende Unsicherheit weder an eine Gründerfigur noch an interne oder externe Experten delegiert. Vielmehr wird die Unsicherheit immer wieder bewusst in die Organisation eingeführt und die sicherheitsstiftenden Grundannahmen kritisch auf ihre Tragfähigkeit hin überprüft. Dieses Vorgehen ist allerdings nicht voraussetzungsfrei und erfordert zum Beispiel von den Beteiligten einen sicheren Umgang mit der Unsicherheit und stellt damit erhebliche Herausforderungen an die Arbeits- und Konfliktfähigkeit der Führungsteams.

Je nach Ergebnis der Arbeit mit diesem Werkzeug ergeben sich also unterschiedliche Konsequenzen für das Vorgehen in und mit dem Führungsteam. Welche davon wie umgesetzt werden, muss selbstverständlich von der Führung entschieden werden; die Aufgabe der Beratung besteht in erster Linie darin, Kriterien und Beobachtungskategorien zur Verfügung zu stellen, mit denen die internen Problemlösungsprozesse stimuliert werden und ein Sprachschatz aufgebaut wird, der die unzugänglich im blinden Fleck der Führung sich befindenden Sachverhalte thematisierbar und damit letztendlich erst bearbeitbar macht.

In diesem Sinn übernimmt der *osb-Business-Navigator* – in der Regel im Rahmen eines Beratungsprozesses – eine Spiegelfunktion, durch die das Führungssystem in die Lage versetzt wird zu beschreiben, wie die eigene Führung praktiziert wird. Diese »Spiegelung« besteht nicht in einem »objektiven« Fremdbild der Führung, sondern sie basiert auf Aussagen der Führung über sich selbst. Die Aussagen geben als Selbstbild letztlich also die Erwartungsstrukturen wieder, welche es – theoretisch formuliert – der Führung ermöglichen, die bestehende Komplexität zu reduzieren und damit die Unsicherheit bezüglich der kontingenten Entscheidungslagen in den einzelnen Aufgabenfeldern zu absorbieren.

Geht es darum, aus den diagnostizierten Spielarten tatsächlich Veränderungen abzuleiten, beginnt ein komplexer Justierungsprozess, den wir bereits bei unseren Überlegungen zu den Trägheitsmomenten der Organisationskultur angedeutet hatten. Bezogen auf das eigene Führungshandeln, weist das Selbstbild der Führung in der Regel eine hohe Beständigkeit auf, obwohl die Führung sich ja mit jeder Entscheidung und dem tagtäglichen Führungshandeln laufend verändert. Die Stabilität des wahrgenommenen Führungsmusters ist damit eine Konstruktionsleistung der Führung selbst, die Differenzen, Abweichungen und Änderungen, die in der Praxis des Organisationsalltags unweigerlich auftauchen, häufig (bewusst oder unbewusst) ausblendet. Die Veränderung der Führung und der etablierten Führungsroutinen bedürfen somit zunächst einmal der Reflexion, d. h. der Beobachtung zweiter Ordnung, d. h. eines Beobachters, der die eigenen Beobachtungen beobachtet, um daraus einen möglichen Veränderungsbedarf des Führungssystems abzuleiten.

Dies kann, muss aber nicht unbedingt durch eine mit den Gegebenheiten vor Ort halbwegs vertraute Beratung geleistet werden; sofern im System genügend Beobachtungskapazität dafür zur Verfügung steht, sich selbst – zumindest aus den Augenwinkeln heraus – beim Handeln zuschauen zu können, kann diese hochvoraussetzungsvolle Aufgabe auch innerhalb des Managementteams verortet werden. Wir haben bereits an anderer Stelle angedeutet, dass die besten Voraussetzungen dafür allerdings erst in »reifen«, gruppendynamisch entlasteten Teams vorliegen.

Ist dies gewährleistet, wird sich jede Führungsinstanz unweigerlich mit den Folgen und Nebenwirkungen der Paradoxie der Veränderung auseinandersetzen müssen. Was ist damit gemeint? Ohne dass wir an dieser Stelle zu intensiv auf die Herausforderungen eines wirkungsvollen Change Managements eingehen müssen, wird bei näherer Betrachtung von Veränderungsprozessen recht schnell deutlich, dass jede Veränderung die Stabilität benötigt, auf die hin sie *als Veränderung* beobachtet werden kann. Anders ausgedrückt: Es geht im Rahmen von Veränderungsprozessen darum, diese so zu gestalten, dass sie zunächst konsistent mit den Erwartungen im Führungssystem (aber auch mit denen der Gesamtorganisation) verlaufen. Dies geschieht schon allein aus Gründen der eigenen Anschlussfähigkeit: Ohne Rückgriff auf Bestehendes droht jeder Veränderungsinitiative die Sprachlosigkeit. Das Risiko dieser Rückkopplung ist offensichtlich: Jede radikale Veränderung des Führungssystems ist damit immer auch der Gefahr ausgesetzt, die eigenen oder fremden Erwartungen durch zu viel (oder auch zu wenig) Veränderung zu enttäuschen. Erst durch eine sorgfältige Balance von Verändern und Bewahren wird es möglich, in dem Bemühen um eine kontinuierliche Selbsterneuerung der Organisation nachhaltige Erfolge zu verzeichnen.

Ob und wann dabei ein grundsätzlicher Wandel des Führungssystems erforderlich ist, ist im Einzelfall – und nur der interessiert in diesem Zusammenhang – schwer zu entscheiden. Wie, wann und durch wen auch immer diese Entscheidung getroffen wird: Die zentrale Voraussetzung für die Selbsterneuerungsfähigkeit von Organisationen besteht darin, dass Führung über die Wahrnehmungs- und Sprachfähigkeiten verfügt, mit deren Hilfe sie entdecken kann, wann die bestehenden Führungsroutinen eine Krise heraufbeschwören, an welchen Kriterien sich das ablesen lässt und welche Optionen bestehen (und wie gestaltet werden können), mit Hilfe von alternativen Problemlösungsmustern neue Freiheitsgrade in der Gestaltung der eigenen Zukunft zu gewinnen.

Fassen wir zusammen: Der *osb-Business-Navigator* bietet Unterstützung bei der Beobachtung der bestehenden Führungsroutinen, liefert Ansatzpunkte zur Überprüfung der bestehenden Führungsmuster und stellt eine »Sprache« zur Verfügung, mit deren Hilfe man sich innerhalb der Führung über verschiedene Formen der Führung verständigen kann. Er fungiert dabei als Instrument innerhalb eines Gesamtprozesses und unterstützt die Bewältigung der Führungsaufgaben bei der Entwicklung und Veränderung der bestehenden Führungsmuster durch ein strukturiertes Verfahren:

- Anhand der sechs Aufgabenfelder wird der Führung ein genaues Bild bezüglich der Ausgangssituation des Führungssystems bereitgestellt. Die Rückmeldung der praktizierten Führungsroutinen erlaubt es den beteiligten Führungskräften, ihr Bild von der Führung kritisch zu prüfen und in einen Dialog über die (unterschiedlichen) Sichtweisen einzutreten. Die Rückspiegelung der Ergebnisse zu den bestehenden Führungsmustern zwingt indirekt zur Beobachtung der eigenen Beobachtungen des eigenen Führungshandelns. Die Rekonstruktion des bestehenden Führungsmusters und die Auseinandersetzung mit den Ergebnissen führen dabei zwangsläufig zu einem expliziten Dialog über häufig stillschweigend akzeptierte Selbstverständlichkeiten.

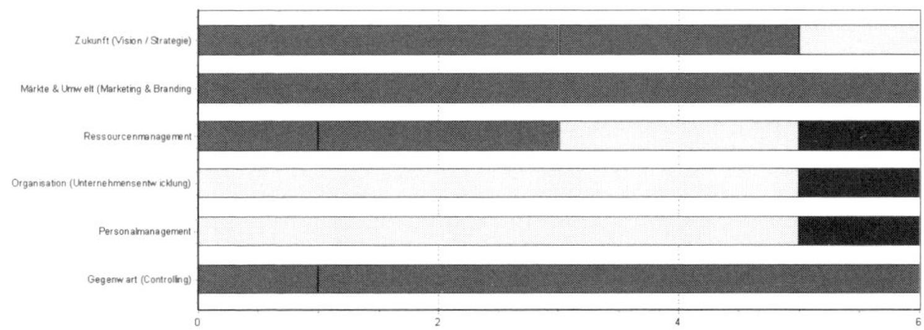

Zukunft (Vision / Strategie)	(6/6)	3	Intuitive Strategieentwicklung	2	Expertenorientierte Strategieentwicklung	1	Inkrementale oder evolutionären Strategieentwicklu		
Märkte & Umwelt (Marketing & Branding	(6/6)			6	Instrumentelles Marketing				
Ressourcenmanagement	(6/6)	1	Intuitives Ressourcenmanagement	2	Renditeorientiertes Ressourcenmanagement	2	Vorgabeorientiertes Ressourcenmanagement	1	Systemisches Ressourcenmanagement
Organisation (Unternehmensentwicklung)	(6/6)					5	Bürokratisch-formalisierte Organisation	1	Systemisches Organisationsverständnis
Personalmanagement	(6/6)					5	Funktionsorientiertes Personalmanagement	1	Systemisches Personalmanagement
Gegenwart (Controlling)	(6/6)	1	Intuitives Controlling	5	Expertencontrolling				

Abb.: 6 Beispiel einer Rückmeldung zu den Führungsmustern in einem Versicherungskonzern

- Die kriterienorientierte Beurteilung der einzelnen Spielarten bewertet die einzelnen Führungsmuster nicht anhand normativer Vorgaben, sondern zeigt die jeweiligen Stärken und Schwächen auf. Damit werden keine allgemein bewertenden Aussagen über Führung gemacht; diese Vorgehensweise ermöglicht es vielmehr, angesichts der aktuellen Situation des Unternehmens, des Reifegrads der Organisation sowie der persönlichen Voraussetzungen der Beteiligten unternehmensspezifische Konsequenzen abzuleiten.

- Der Prozess der Rückmeldung über die Ergebnisse führt häufig dazu, dass Führung sozusagen »ins Gespräch mit sich selbst« kommt. Damit unterstützt das Instrument die wechselseitige Verständigung über die Vorstellungen von »guter Führung« und hilft den Beteiligten, auf der Basis dieser Verständigung eine gemeinsame Landkarte zu entwickeln und verbindliche Spielregeln im gemeinsamen Umgang zu etablieren. Damit dies geschehen kann, bedarf es in der Regel geschützter Kommunikationsgelegenheiten, da diese Art der kollektiven Reflexion unter Führungskräften (noch) nicht selbstverständlich ist – vor allem in Phasen des Wandels, die ein zusätzliches Maß an Unsicherheit bei den Beteiligten produzieren.
- Außer des Schutzes durch ein gutes Containment – hier stiftet konflikterprobte Beratung mit entsprechendem Standing echten Mehrwert – bedarf es gerade in Zeiten der Veränderung aber auch einer aktiven Gestaltung und eines Sichtbarwerdens der Führung. Vor allem in den Zeiten des Umbaus der Organisationsstrukturen werden die beteiligten Führungsebenen von allen Seiten sehr aufmerksam daraufhin beobachtet, ob auch sie sich den Herausforderungen des Wandels stellen und die Selbstanwendung der Veränderungsmaßnahmen sich nicht nur auf homöopathische Dosen oder gar Kosmetik beschränkt. An sichtbar gemachten Veränderungen im Führungsteam erweist sich hier zunehmend die Glaubwürdigkeit von Führung als zentrale Währung ihrer Wirksamkeit.

7. In Zukunft führen: Implikationen für Beratung

Zwischen der Intimität unmittelbarer Selbstreflexion und dem Am-Pranger-Stehen in den Massenmedien hat sich aus unserer Sicht ein weites Feld etabliert, das den Selbst- und Wirklichkeitsbezug in verantwortlichen Tätigkeiten mehr oder weniger professionell organisiert. Die Rede ist von (Organisations-)Beratung im weitesten Sinn:

> »Im Kern geht es darum, Organisationen dabei zu unterstützen, mit der unvermeidlichen Steigerung ihrer Eigenkomplexität fertigzuwerden, die vielfach noch dadurch erhöht wird, dass auf die neue Situation mit alten Bearbeitungsmustern reagiert wird«,

schreibt Rudolf Wimmer (2004b, S. 253).

So sehr man den Wildwuchs auf diesem Gebiet beklagen und den selbsternannten Gurus und permanent neu ausgerufenen Trends nicht mehr recht trauen mag: Seriöse Beratung kann die Notwendigkeit von Entscheidungen zwar nicht ersetzen oder gar übernehmen (»Sie kennen Ihr Problem – wir die Lösung!«), aber im Sinne einer »Beobachtung zweiter Ordnung« sinnvoll unterstützen. Denn wenn Führung in Unternehmen immer mehr dazu gezwungen ist, die Beobachtung zu beobachten, braucht es eine Instanz, die es unternimmt, jenen blinden Fleck unter die Lupe zu nehmen, der selbst dabei noch entsteht:

> »Sobald Beratung beginnt zu beobachten, wie das Unternehmen beobachtet oder im Unternehmen beobachtet, das heißt unterschieden und bezeichnet wird, kann sie den Problemen dieses Systems einen Sinn geben, über den das System selbst nicht verfügen kann«,

fährt Rudolf Wimmer fort.

Und zu beobachten gibt es zunächst immer mehr als genug, zumal mit Blick auf Führung. Man nehme nur die schon angesprochene Zunahme der Kommunikationsdichte innerhalb der Organisationen. Dabei handelt es sich nicht um ein bloßes Mehr im Sinn einer Addition, sondern um eine Zunahme der Komplexität im Hinblick darauf, wer mit wem was wie und wann kommuniziert. Damit ist jedoch nur ein exemplarisches Feld bezeichnet, auf dem Beratung für Führung wirksam werden kann. Diese Beobachtung »weiter Ordnung« lässt sich sowohl für genuin führungsspezifische Themen wie Strategie oder Steuerung als auch für Soft Facts wie Inter- bzw. Transkulturalität oder Konfliktbearbeitung einsetzen. Eines freilich kann Beratung nicht leisten, und hier scheidet sich die Spreu vom Weizen: Entscheidungen fällen bzw. Verantwortung für innere Organisationsangelegenheiten übernehmen. In einem solchen Sinn kann und darf sich Beratung nicht »einmischen«, schlicht deswegen, weil sie kein Teil der Organisation ist und genau daraus sowohl ihre Legitimation als auch ihr gesamtes Interventionsrepertoire an hilfreichen Beobachtungen und Kommunikationsangeboten schöpft.

8. Spielstand

Werfen wir einen Blick zurück auf den Spannungsbogen unserer Überlegungen. Wir hatten argumentiert, dass im klassischen Verständnis von Führung diese als etwas außerhalb der Organisation Stehendes angelegt war: Die Organisation diente als Mittel für die Erreichung von Zwecken, die von der Führung gesetzt wurden. Der »Trick« der modernen Betriebswissenschaften, aus der betriebswirtschaftlichen Perspektive die soziale Dimension per Definition auszuklammern, verhalf ihr zwar zu wissenschaftlichem Höhenflug, ließ sie aber dabei eines ihrer wesentlichen Anliegen aus den Augen verlieren; übrigens ein schönes Beispiel für ungeführten Komplexitätsaufbau durch Komplexitätsreduktion (siehe dazu Gutenberg 1983; Baecker 1999c, S. 297 ff.). Damit blieb weitgehend unberücksichtigt, dass beide Phänomene auf das Engste miteinander verwoben sind: Wenn von Führung die Rede ist, wird der Teil, der geführt wird, als die andere Seite der Unterscheidung immer mitproduziert.

Führung muss darüber hinaus dafür sorgen, dass die Wirkung dieser Unterscheidung auch im Rest der Organisation hergestellt wird und aufrechterhalten bleibt. Dies geschieht, indem sie dafür Sorge trägt, dass Auseinandersetzungen passieren und man in diesen zu einem gemeinsamen Ja kommt. Solches gelingt jedoch nur, wenn derjenige, der Führung ausübt, auch mitdenkt, dass er unabdingbar vom Mitspielen der anderen abhängig ist. In dieser Abhängigkeit liegt ein Mittel, auch gegen Führung anzutreten bzw. ihr gegenzusteuern. Führung muss deutlich machen, dass in einer Überstrapazierung dieses Mittels die Gefahr einer Schädigung der Überlebensfähigkeit des Ganzen liegt. Sobald dieser Fall eintritt, wächst das Risiko, dass Führung mit Machtausübung verwechselt und um die Grundlagen ihrer Wirkung gebracht wird. Mit anderen Worten: Wenn Führung nur mehr sich selbst zum Thema macht, produziert sie kurzgeschlossene Beobachtung. Man gerät dabei in die Versuchung, sein Augenmerk einzig darauf zu richten, wie gut man bereits im Sattel der Organisation sitzt – gerade jüngere Führungskräfte sind oft so damit beschäftigt, ihre Rolle im Unternehmen zu finden, dass sie den Zusammenhang zwischen sich und dem Unternehmen aus den Augen verlieren – und damit auch an Wirkung.

Einen Ausweg bietet in diesem Zusammenhang die Reflexion darüber, ob die eigene Wirksamkeit durch die Art und Weise, wie sie agiert, befördert oder unterminiert wird. Der Teil der (intelligenteren) Lernarchitekturen zur Qualifizierung von Führungskräften ist darauf ausgerichtet, Rückmeldungen darüber zu generieren, wie man selber im Spiel agiert und gleichzeitig das Ganze inklusive sich selbst beobachtet. Im Grunde geht es darum, dass Führung sich selbst im Führungszusammenhang beobachtbar macht.

Sofern Führung dies erfolgreich tut, sorgt sie auch dafür, dass ihre Eingriffe durch Entscheidungen mit einer gewissen Grundakzeptanz versehen sind. Dies gelingt ihr am nachhaltigsten, wenn sie den Prozess der Dekonstruktion nutzt und mit der Spannung arbeitet, die durch die Infragestellung ihrer eigenen Entscheidungen immer wieder neu entsteht. In diesem Sinne ist Führung in eine paradoxe Situation eingespannt: die eigene asymmetrische Position zu bestätigen und zu erneuern, und zwar dadurch, dass das System so unter Handlungsdruck gestellt wird, dass Unterschiede beobachtet werden zwischen dem, was ist, und dem, was angesichts der eigenen Überlebensnotwendigkeiten notwendig anstünde. Führung ist dann erfolgreich, wenn es ihr gelingt, diese Differenzen in der Organisation zu vergemeinschaften. Aus Sicht der Gefolgschaft entsteht Folgebereitschaft dann, wenn die Glaubwürdigkeit und das Vertrauen, die aus der Sorge um das Überleben der jeweils anvertrauten Einheit entstehen, nachvollziehbar werden. Beide Faktoren müssen kontinuierlich erneuert werden: Führung schafft somit die Voraussetzungen für ihre Wirksamkeit permanent selbst – oder zerstört sie.

Wie steht Führung heute da? In unserem Buch haben wir versucht, einige Antworten darauf zu formulieren. Wieder und wieder sind wir darauf gestoßen, dass sie sich ums Ganze sorgen muss, wenn sie in den Augen von Gesellschaft und Organisation glaubwürdig bleiben will. Gleichzeitig haben wir festgestellt, dass ebendieses »Ganze« als System, sei es die Gesellschaft oder einer ihrer Teilbereiche, sei es die Organisation oder eine ihrer operativen Einheiten, einem laufenden Erosionsprozess ausgesetzt ist. Wie also das Überleben von etwas sichern, das sich bei genauer Betrachtung längst nicht mehr als »Ganzes« darstellt? In der Analyse der Spannungsfelder, in denen Führung heute steht, sind wir auf diese manifeste Grundparadoxie gestoßen, die mit allen anderen *wirklichen* Paradoxien Folgendes teilt: Sie lässt sich nicht lösen, sondern nur bearbeiten. Nicht zuletzt unter diesem Gesichtspunkt erscheint Führung als ein immer komplexeres Geschäft, ein laufender Balanceakt, bei dem es sorgfältig abzuwägen gilt, wann man in welchen Umständen für welche Seite optiert. Insofern gibt es für das Geschäft des Führens keine Lösung im Sinne einer einmal zu fixierenden Rezeptur, bei der es dann nur noch darauf ankommt, sie möglichst geschickt anzuwenden.

Die Verantwortung für diese Gratwanderung kann heute – so unsere feste Überzeugung – kaum noch von den Schultern einzelner Superhelden getragen werden kann (und, sieht man einmal etwas genauer hin: Sind nicht die meisten dieser Helden am Ende immer tragisch gescheitert – wenn auch noch so »heroisch«?). Dies bedeutet natürlich nicht, dass Führung heute ohne klare (persönliche) Positionierung auskommen kann – im Gegenteil: Ihre Glaubwürdigkeit hängt genau daran, dass sie – insbesondere in Zeiten der Krise – sichtbar wird, sich zeigt und Markierungen setzt, die eine Orientierung erlauben. Dies freilich immer im Bewusstsein der eigenen Kontingenz und damit fern jeglicher Allüren und großer Gesten, die manchmal auf schon fast peinliche Art signalisieren, dass man alle im Griff hätte. Bei Licht besehen, stellt sich immer öfter heraus: Gar nichts hat man im Griff, mit leeren Händen steht man da und muss trotzdem etwas bewegen ... Wohl dem, der mit einer kleinen Brechung der eigenen Selbstherrlichkeit, mit ein wenig Bescheidenheit von Beginn weg verhindern kann, als Tiger losgesprungen zu sein und nun ausgestopft im Schaufenster zu stehen.

In diesem Sinn versteht sich unser Schlusswort als ein Plädoyer zum offenen Umgang mit den eigenen Defiziten. Abgesehen davon, dass in unserer vernetzten und durch Controlling und Medien permanent transparent gemachten Welt kaum eine Fehlentwicklung über längere Zeit unbeobachtet bleibt, empfiehlt sich gerade für das Führungsgeschäft die Ausübung umfassender Aufmerksamkeit, mit der die eigenen Höhenflüge abgebremst werden, die Exaltiertheit des eigenen Auftritts auf ein vertretbares Maß zurückgenommen wird und die Abgehobenheit eine solide Erdung erfahren hat. Dem Ernst der eigenen Lage angemessen wären solche Gesten allemal.

Literaturverzeichnis

Baecker, D. (1994): Postheroisches Management. Ein Vademecum. Berlin (Merve).

Baecker, D. (1998): Poker im Osten. Probleme der Transformationsgesellschaft. Berlin (Merve).

Baecker, D. (1999a): Organisation als System. Frankfurt a. M. (Suhrkamp).

Baecker, D. (1999b): Die Form des Unternehmens. Frankfurt a. M. (Suhrkamp).Baecker, D. (2003): Organisation und Management. Frankfurt a. M. (Suhrkamp).

Baecker, D. (1999c): Perspektiven einer Fakultät für Wirtschaftswissenschaften. *Organisation als System*: 297 ff.

Baecker, D. (2005): Wer rechnet schon mit Führung. *Zeitschrift für Organisationsentwicklung* 24 (2): 62–69.

Baecker, D. u. A. Kluge (2003): Vom Nutzen ungelöster Probleme. Berlin (Merve).

Bartlett, C. A. a. Ghoshal, S. (1998): Managing across boarders. Boston (Harvard Business School Press).

Bauman, Z. (1992): Moderne und Ambivalenz. Das Ende der Eindeutigkeit. Hamburg (Hamburger Edition).

Bauman, Z. (2003): Flüchtige Moderne. Frankfurt a. M. (Suhrkamp).

Bennis, W., G. M. Spreitzer, T. Cummings (eds.) (2001): The future of leadership: Today's top leadership thinkers speak to tomorrow's leaders. San Francisco (Jossey-Bass).

Boltanski, L. u. E. Chiapello (2006): Der neue Geist des Kapitalismus. Konstanz (UVK Verlagsgesellschaft).

Bryman, A. (1992): Charisma and leadership in organizations. London (SAGE).

Campbell, C., F. Liesenborghs u. J. Schindler (2002): Ölwechsel. München (dtv).

Capelli, P. (1999): The new deal at work: Managing the market-driven workforce. Boston (Harvard Business School Press).

Carroll, L. (2000): Alice im Wunderland. Heidelberg (Dressler).

Certeau, M. de (1988): Kunst des Handelns. Berlin (Merve).

Collins, J. (2001): Good to great. Why some companies make the leap ... and others don't. London (Random House).

Collins, J. (2003): Der Weg zu den Besten. München (dtv).

Domayer, E. (2002): Spielarten der Potentialeinschätzung. *OrganisationsEntwicklung* 3: 32–41.

Donne, J. (1963): Anniversaries. Baltimore (Johns Hopkins University Press).

Donnenberg, O. (1999): Action Learning. Ein Handbuch. Stuttgart (Klett-Cotta).

Drucker, P. (1993): Die postkapitalistische Gesellschaft. Düsseldorf/Wien (Econ).

Drucker, P. (2000): Die Kunst des Managements. München (Econ).

Duerr, H.-P. (1985): Traumzeit. Über die Grenze zwischen Wildnis und Zivilisation. Frankfurt a. M. (Suhrkamp).

Faulkner, R. (1983): Music on demand: Composers and careers in the Hollywood film industry. New Brunswick (Transaction).

Geertz, C. (1987): Dichte Beschreibung. Beiträge zum Verstehen kultureller Systeme. Frankfurt a. M. (Suhrkamp).

Gibson, W. (1997): Idoru. Frankfurt a. M. (Penguin).
Goleman, D. et al. (2001): Harvard business review on what makes a leader. Boston (Harvard Business School Press).
Gross, P. (1994): Multioptionsgesellschaft. Frankfurt a. M. (Suhrkamp)
Gutenberg, E. (1983): Grundlagen der Betriebswirtschaftslehre. Bd. 1: Die Produktion. Berlin (Springer), 24 Aufl.
Handy, C. (1994): The age of paradox. Boston (Harvard Business School Press).
Heifetz, R. A. (2000): Leadership without easy answers. Cambridge, MA (Belknap).
Hesselbein, F. a. R. Johnston (eds.) (2002): On leading change: A leader to leader guide. New York (Jossey-Bass).
Hesselbein, F., M. Goldsmith a. R. Beckhard (1996): The leader oft the future: New visions, strategies, and practices for the next era. San Francisco (Jossey-Bass).
Hinterhuber, H. u. E. Krauthammer (2001): Leadership – mehr als Management. Wiesbaden (Gabler).
Kluge, A. u. O. Negt (1993): Maßverhältnisse des Politischen. Frankfurt a. M. (Fischer).
Kneer, G. u. A. Nassehi (2000): Niklas Luhmanns Theorie sozialer Systeme. Stuttgart (UTB).
Kotter, J. P. (1996): Leading change. Boston (Harvard Business School Press).
Krugmann, P. (1999): Der Mythos vom globalen Wirtschaftskrieg. Frankfurt a. M. (Campus).
Lévy-Bruhl, L. u. M. Hamburger (1959): Die geistige Welt der Primitiven. Frankfurt a. M. (Diederichs).
Lévi-Strauss, C. (1968): Das wilde Denken. Frankfurt a. M. (Suhrkamp).
Littmann, P. u. S. A. Jansen (2000): Oszillodox. Die permanente Neuerfindung der Organisation. Stuttgart (Klett-Cotta).
Luhmann, N. (1964): Funktionen und Folgen formaler Organisation. Berlin (Duncker & Humblot).
Luhmann, N. (1973): Zweckbegriff und Systemrationalität. Frankfurt a. M. (Suhrkamp).
Luhmann, N. (1977): Zweckbegriff und Systemrationalität. Über die Funktion von Zwecken in sozialen Systemen. Frankfurt a. M. (Suhrkamp), 2. Aufl.
Luhmann, N. (1980): Gesellschaftsstruktur und Semantik. Studien zur Wissenssoziologie der modernen Gesellschaft. Bd. 1. Frankfurt a. M. (Suhrkamp).
Luhmann, N. (1984): Soziale Systeme. Grundriß einer allgemeinen Theorie, Frankfurt a. M. (Suhrkamp).
Luhmann, N. (1993): Die Paradoxie des Entscheidens. *Verwaltungs-Archiv: Zeitschrift für Verwaltungslehre, Verwaltungsrecht und Verwaltungspolitik* 84: 287–310.
Luhmann, N. (1994): Die Wirtschaft der Gesellschaft. Frankfurt a. M. (Suhrkamp).
Luhmann, N. (2000): Organisation und Entscheidung. Opladen (Westdeutscher Verlag).
Luhmann, N. (2001): Aufsätze und Reden. Stuttgart (Reclam).
Luhmann, N. (2003): Macht. Stuttgart (UTB).

Luhmann, N. (2005): Einführung in die Theorie der Gesellschaft. (Hrsg. von D. Baecker.) Heidelberg (Carl-Auer).
Malik, F. (2002): Die neue Corporate Governance. Richtiges Top-Management. Wirksame Unternehmensaufsicht. Frankfurt a. M. (F.A.Z.-Institut).
Malik, F. (2005): Führen, Leisten, Leben. Wirksames Management für eine neue Zeit. München (Heyne).
March, J. (1991): Exploration and exploitation in organizational learning. *Organization Science* 2 (1): 71– 87.
Marr, R. u. A. Fliaster (2003): Jenseits der »Ich AG«. Der neue psychologische Vertrag der Führungskräfte in deutschen Unternehmen. München (Mering).
Matheis, R. (1994): Leadership Revolution. Aufbruch zur Weltspitze mit neuem Denken. Wiesbaden (Gabler).
Mintzberg, H. (2004): Managers not MBAs. A hard look at the soft practice of managing and management development. San Francisco (Berrett-Koehler).
Mintzberg, H. et al. (1998): Harvard business review on leadership. Boston (Harvard Business School Press).
Mintzberg, H. et al. (1999): Strategy Safari. Eine Reise durch die Wildnis des strategischen Managements. Wien (Ueberreuter).
Müller, M. (2001): Das vierte Feld. Die Bio-Logik neuer Führungskräfte. München (Econ).
Neuberger, O. (2002): Führen und führen lassen. Stuttgart (UTB).
Ohmae, K. (1985): Die Macht der Triade. Wiesbaden (Gabler).
Peters, T. (1987): Thriving on chaos: Handbook for a management revolution. New York (Random House).
Peters, T. (2004): Re-imagine. Führungsleistungen in chaotischen Zeiten. Starnberg (Dorling Kindersley).
Porter, M. (1997): Wettbewerbsstrategie. Frankfurt a. M. (Campus).
Prahalad, C. K. u. G. Hamel (1995): Wettlauf um die Zukunft. Wie Sie mit bahnbrechenden Strategien die Kontrolle über Ihre Branche gewinnen und die Märkte von morgen schaffen. Wien (Ueberreuter).
Ridderstrale, J. u. K. Nordström (2000): Funky business. Wie kluge Köpfe das Kapital zum Tanzen bringen. München (Financial Times),
Ridderstrale, J. u. K. Nordström (2005): Karaoke-Kapitalismus. Sexappeal für das Business von morgen. Heidelberg (Redline Wirtschaft).
Rorty, R. (1989): Kontingenz, Ironie und Solidarität. Frankfurt a. M. (Suhrkamp).
Scharmer, C.-O. (2002): Presencing: Illuminating the blind spot of leadership. (Unveröffentl. draft paper.)Schwarz, G. et al. (Hrsg.) (1996): Gruppendynamik: Geschichte und Zukunft. Wien (facultas wuv Universitätsverlag), 2. Aufl.
Schmitt, C. (1996): Politische Theologie. Vier Kapitel zur Lehre von der Souveränität. Berlin (Duncker & Humblot), 7. Aufl.
Selvini Palazolli, M. (Hrsg.) (1981): Hinter den Kulissen der Organisation. Stuttgart (Klett-Cotta).
Sen, A. (2002): Ökonomie für den Menschen. München (dtv).
Senge, J. et al. (2005): Presence: Exploring profound change in people, organizations, and society. London (Nicholas Brealey).
Sennett, R. (1998): Der flexible Mensch. Berlin (Berlin).

Simon, F. B. (1992): Radikale Marktwirtschaft. Heidelberg (Carl-Auer), 5., akt. Aufl. 2005
Simon, F. B. (1997): Die Kunst, nicht zu lernen. Heidelberg (Carl-Auer), 4. Aufl. 2007.
Simon, F. B. (2004): Gemeinsam sind wir blöd!? Die Intelligenz von Unternehmen, Managern und Märkten. Heidelberg (Carl-Auer), 2. Aufl. 2006.
Simon, F. B., R. Wimmer u. T. Groth (2005): Mehr-Generationen-Familienunternehmen. Heidelberg (Carl-Auer).
Spencer-Brown, G. (1979): Laws of form. New York (Dutton), 2nd ed.
Steyrer, J. (1995): Charisma in Organisationen. Frankfurt a. M. (Campus).
Stiglitz, J. E. (2003): Die Schatten der Globalisierung, Frankfurt a. M. (Goldmann).
Stiglitz, J. E. (2006): Die Chancen der Globalisierung. München (Siedler).
Stringer, R. (2002): Leadership and organisational climate. New Jersey (Prentice Hall).
Taylor, D. A. (2002): The naked leader. New York (Wiley John & Sons).
Tichy, N. M. a. E. Cohen (1997): The leadership engine. How winning companies build leaders at every level. New York (HarperCollins).
Tichy, N. M. u. M. A. Devanna (1995): Der Transformational Leader. Das Profil der neuen Führungskraft. Stuttgart (Klett-Cotta).
Weber, M. (1972): Wirtschaft und Gesellschaft: Grundriß der verstehenden Soziologie. Tübingen (J. C. B. Mohr), 5. Aufl.
Weber, M. (1995): Schriften zur Soziologie. Stuttgart (Reclam).
Weick, K. E. (1985): Der Prozeß des Organisierens. Frankfurt a. M. (Suhrkamp).
Weick, K. E. (2001): Making sense of the organisation. Oxford (Blackwell).
Weick, K. E. a. K. H. Roberts (1993): Collective minds in organizations: Heedful interrelating on flight decks. *Administrative Science Quarterly* 38: 357–381.
Weick, K. E. a. Sutcliffe (2001): Managing the unexpected. San Francisco (Jossey Bass).
Wimmer, R. (1995a): Die Funktion des General Management unter stark veränderten wirtschaftlichen Rahmenbedingungen. In: B. Heitger et al. (Hrsg.): Managerie – 3. Jahrbuch für systemisches Denken und Handeln im Management. Heidelberg (Carl-Auer).
Wimmer, R. (1995b): Die permanente Revolution. Trends in der Gestaltung von Organisationen. In: R. Grossmann et al. (Hrsg.): Veränderung in Organisationen, Management und Beratung. Wiesbaden (Gabler).
Wimmer R. (1996): Die Zukunft von Führung: Brauchen wir noch Vorgesetzte im herkömmlichen Sinn? *Organisationsentwicklung* 4: 46–57.
Wimmer, R. (1998): Das Team als Leistungsträger in komplexen Organisationen. In: H. W. Ahlemeyer u. R. Königswieser (Hrsg.): Komplexität managen. Wiesbaden (Gabler).
Weick, K. E. a. Sutcliffe (2001): Managing the unexpected. San Francisco (Jossey Bass).
Wimmer, R. (2004a): Aufstieg und Fall des Shareholder-Value-Konzepts. *Organisationsentwicklung* 4: 70–83.
Wimmer, R. (2004b): Organisation und Beratung. Systemtheoretische Perspektiven für die Praxis. Heidelberg (Carl-Auer).

Wimmer, R. (2004c): Die permanente Revolution. Trends in der Gestaltung von Organisationen. In: R. Wimmer: Organisation und Beratung. Systemtheoretische Perspektiven für die Praxis. Heidelberg (Carl-Auer).

Wimmer, R. u. R. Nagel (2002): Systemische Strategieentwicklung. Stuttgart (Klett-Cotta).

Wucknitz, U. D. (2002): Handbuch der Personalbewertung – Messgrößen, Anwendungsfehler, Fallstudien. Stuttgart (Schäffer-Pöschel).

Wüthrich, H., D. Osmetz u, S. Kaduk (2006): Musterbrecher. Führung neu leben. Wiesbaden (Gabler).

Zawadsky-Krasnopolsy, G. H. (2002): Leadership ohne Vorurteile. Beobachten statt behaupten. München (Gerling Akademie).

Über den Autor

Bernhard Krusche, Dr., Studium der Kulturwissenschaft, Psychologie und Philosophie; zweijährige Feldforschung in Westafrika; Lehrtätigkeit an den Universitäten Freiburg/Brsg., Wien und Klagenfurt; Ausbildung zum Organisationsberater und Gruppendynamiker bei der Österreichischen Gesellschaft für Gruppendynamik und Organisationsberatung (ÖGGO); laufende Aus- und Weiterbildungen im Bereich der systemischen Organisationsberatung. Nach mehrjähriger interner Beratungstätigkeit im Daimler-Konzern heute Gesellschafter und Geschäftsführer der osb Tübingen GmbH; Berater und Trainer mit den Arbeitsschwerpunkten »Führen und Verändern« sowie »Innovative Lernarchitekturen« in multinationalen Unternehmen; Mitglied der Österreichischen Gesellschaft für Gruppendynamik und Organisationsberatung (ÖGGO) und im QPool 100.

www.osb-i.com